西北地区生态环境与作物长势遥感监测丛书

陕西省关中地区耕地土壤养分空间特征及其动态变化

常庆瑞　赵业婷　著

U0263753

科学出版社

北　京

内 容 简 介

本书针对陕西省关中地区耕地土壤的营养元素,应用地统计学和地理信息系统技术,深入研究了近 30 年陕西省关中地区耕地土壤养分的基本特征、空间分布及其动态变化,以及关中地区耕地土壤肥力状况和综合质量。主要内容包括:区域土壤养分研究合理采样数量确定与空间估值,土壤有机质和氮、磷、钾养分元素空间特征及其动态变化,铁、锰、铜、锌等微量元素空间特征及其变化,以及耕地土壤营养元素丰缺评价和肥力质量综合评价等。

本书可供从事农业资源与环境、地球科学和农学等学科领域的科技工作者使用,也可供高等院校农业资源与环境、农学、地理学和生态学专业的师生参考。

图书在版编目(CIP)数据

陕西省关中地区耕地土壤养分空间特征及其动态变化/常庆瑞,赵业婷著.
—北京:科学出版社,2021.10

(西北地区生态环境与作物长势遥感监测丛书)

ISBN 978-7-03-070019-3

Ⅰ.①陕… Ⅱ.①常… ②赵… Ⅲ.①耕地-土壤有效养分-关中
Ⅳ.①S158.3

中国版本图书馆 CIP 数据核字(2021)第 204854 号

责任编辑:李晓娟/责任校对:樊雅琼
责任印制:吴兆东/封面设计:无极书装

科 学 出 版 社 出版
北京东黄城根北街 16 号
邮政编码:100717
http://www.sciencep.com
北京捷迅佳彩印刷有限公司 印刷
科学出版社发行 各地新华书店经销

*

2021 年 10 月第 一 版 开本:720×1000 1/16
2021 年 10 月第一次印刷 印张:12 3/4
字数:300 000
定价:158.00 元
(如有印装质量问题,我社负责调换)

前 言

西北农林科技大学"土地资源与空间信息技术"研究团队从20世纪80年代开始遥感与地理信息科学在农业领域的应用研究。早期主要进行农业资源调查评价，土壤和土地利用调查制图。20世纪90年代到21世纪初，重点开展了水土流失调查、土地荒漠化动态监测，土地覆盖/变化及其环境效益评价。近十多年，随着遥感技术的快速发展和应用领域的深入推广，研究团队在保持已有研究特色基础上，紧密结合国家需求和学科发展，重点开展生态环境信息精准获取与植被（重点是农作物）长势遥感监测、区域土地资源、特别是耕地资源质量评价和动态监测等基础研究与生产实践工作，在黄土高原生态环境和西北地区主要农作物——小麦、玉米、水稻、油菜和棉花等作物生长状况遥感监测原理、方法和技术体系，区域土地资源与耕地质量监测评价方面取得一系列具有国内外领先水平的科技成果。

本书是研究团队在黄土高原生态环境遥感监测和耕地质量评价管理领域多年工作的集成，先后受到国家高技术研究发展计划（863计划）课题"作物生长信息的数字化获取与解析技术"（2013AA102401）、国家科技支撑计划课题"旱区多平台农田信息精准获取技术集成与服务"（2012BAH29B04）、农业农村部和陕西省耕地质量监测保护等项目的资助。

本书在这些项目研究成果的基础上，总结、凝练研究团队相关研究生学位论文和多篇公开发表的期刊论文，由常庆瑞和赵业婷撰写而成。内容以陕西省关中地区耕地土壤为中心，应用地统计学和地理信息系统技术，系统研究了近30年来陕西省关中地区耕地土壤有机质、氮磷钾养分元素和铁锰铜锌等微量元素的基本特征、空间分布及其动态变化，探讨了区域土壤养分研究合理采样数量确定与空间估值方法，解析了耕地土壤养分空间格局和时间变化的原因和主导影响因素，定量、定位地评价了耕地土壤营养元素丰缺状况和土壤肥力质量。

第1章：概括介绍研究背景、目的和意义，及其土壤性质空间变异性研究方法，土壤养分的空间变异性、空间预测、采样数量、土壤养分肥力评价研究现状与进展；第2章：介绍研究区自然环境与农业生产状况，研究内容、研究方法、基础数据来源与精度；第3章：土壤养分合理采样数量确定、采样间距（尺度）计算，不同采样数量下土壤养分特征及其对采样间距的响应，空间结构特征的稳定性与空间插值精度；第4章：Cokriging 在土壤全氮空间估值中的适用性，土壤全氮的时空变异性特征、基于 Cokriging 的土壤全氮采样数量优化；第5章：土壤有机质及速效养分的基本特征、土壤全氮及碳氮比的统计特征、土壤养分间的相关性，土壤养分空间结构和分布特征，土壤养分丰缺评价及其影响因素分析；第6章：土壤养分含量和变异性变化、土壤养分比值变化和空间等级变化，土壤类型间的变化，土壤养分时空变化规律、影响因素和存在的问题；第7章：微量元素基本特征、空间结构、空间分布，时空变化特征及其影响因素探讨；第8章：土壤养分肥力评价参评指标的选取、隶属度和权重值确定、综合肥力指数计算与结果检验，参评指标及综合肥力指数 IFI 基本特征、空间结构、最优评价体系的选取，土壤养分肥力水平分等定级、养分肥力空间分布、区域特征；第9章：主要结果、重要进展和展望。

参加本书基础工作的团队成员如下。作者：常庆瑞、赵业婷；研究团队成员：刘梦云、齐雁冰、高义民、陈涛、刘京、李粉玲；博士研究生：谢宝妮、王洋、申健、秦占飞、郝雅珺、刘秀英、宋荣杰、王力、郝红科、班松涛、蔚霖、黄勇、塔娜、落莉莉；硕士研究生：刘海飞、马文勇、刘钊、王路明、白雪娇、张昳、侯浩、姜悦、刘林、李志鹏、孙梨萍、章曼、刘佳歧、张晓华、尚艳、王晓星、袁媛、刘淼、于洋、高雨茜、马文君、殷紫、严林、李媛媛、孙勃岩、罗丹、王烁、李松、余蛟洋、由明明、张卓然、武旭梅、王琦、徐晓霞。在十多年的野外观测、室内分析、数据处理、资料整理、报告编写和论文撰写过程中，团队成员和研究生风餐露宿、挥汗如雨、忘我工作、无怨无悔。在本书出版之际，对他们的辛勤劳动和无私奉献表示衷心地感谢！

由于作者学术水平有限，加之科学技术发展日新月异，新理论、新方法、新技术不断涌现，书中难免存在疏漏和不足之处，敬请广大读者和学界同仁批评指正，并予以谅解！

常庆瑞

2021 年初夏

于西北农林科技大学雅苑

目　　录

第1章 绪 论

1.1 研究背景

"国以民为本，民以食为天，食以农为源，农以地为根"，耕地是土地的精华，是农业生产中最重要的资源，也是不可再生的自然资源，对其研究的重要意义不言而喻。耕地数量及其土壤肥力与质量是决定区域粮食安全和农业生产能力的重要因素（王红娟，2007）。我国耕地面积已经下降到18亿亩[①]以下，人均耕地面积约1.40亩，低于世界人均耕地面积的一半，人口与耕地、粮食的矛盾日趋突出。

肥料是作物的"粮食"，我国及国际上的经验均证明，施肥（尤其是施用化肥）是最快和最为有效的增产措施（Borlaug and Dowswell，1994；曹一平等，1999；黄绍文，2001；庄佃霞，2005；金继运等，2006；王红娟，2007）。我国农业生产中较高产量的获得主要依赖于化学物质的不断投入。但是近年来，世界各国农业生产中普遍出现的问题是随着化肥投入量的剧增，粮食产量却并未得以快速的提升，此现象在我国农业生产中尤为突出（赵汝东，2008）。我国农业生产以田块为基础，在同一地区的农田或农场，单位面积基本上都使用了等量的种子、化肥、农药、除草剂等。自家庭承包制实施，农村实行分田到户，同一地区的农民仍是按照主观经验、习惯进行农事生产与管理，普遍盲目、不合理施肥，农艺措施也不当，氮素化学肥料损失、浪费现象严重，氮肥当季利用率（30%左右）低于发达国家15~20个百分点，增大生产成本的同时也造成了环境的负面效应，是农业生产效益低下与环境恶化的重要原因（王家玉等，1996；李新平，1997；黄成敏，2000；张定祥等，2002；于世峰等，2004；许红卫，2004；赵汝东，2008；赵业婷等，2013a，2013d）。我国农户普遍轻视有机肥施用，重视氮肥、磷肥的投入，氮肥的过量施用，加剧了土壤中有机质的消耗，改变了土壤pH，降低了土壤对农药残留等的净化能力，从而增大了重金属污染的可能性；同时会造成地下水、饮用水中硝酸盐含量超标，威胁人类健康（杨人卫和杨建

---

① 1亩≈666.7m²

华，2003；候亚红，2005；赵汝东，2008）；此外，磷肥的过量施用，还会造成砷等重金属及一些放射性元素的污染（王鑫，2003）。鉴于此，诸多专家、学者提出规范肥料市场、提高化肥质量，研究缓释肥、生物肥、智能肥等新型肥料，实行科学施肥、测土配方施肥等方式方法来提高土壤养分肥力，提升粮食产量水平（赵其国，2001；孙旭霞，2005；武志杰和张海军，2005；阎宗彪和乔生，2005；金继运等，2006）。但不论采用何种方式方法都应因地制宜的实施，以对区域土壤养分肥力空间特征及其变化规律的全面、准确的认识与掌握为前提和基础。此外，在许多低产地区，土壤养分限制因素普遍存在，任一土壤养分限制因子的存在均能影响所施肥料效益的发挥。因此，耕地土壤养分肥力空间特征与变化的研究尤为重要。

20世纪80年代全国第二次土壤普查至今已30多年，人类对土地（土壤资源）改造的规模和强度均在不断的增大、增强，势必使得土壤养分关系发生较大变化（李志鹏等，2014）。生物及人类农业生产活动增强了土壤养分的空间异质性（Samake et al.，2005；赵庚星等，2005；王栋等，2011；王锐等，2013；赵业婷等，2013b，2013c，2013d；吕真真等，2014）。研究土壤养分的空间特征及其变化，对于理解土壤的形成过程、结构特征和功能作用具有极其重要的意义（范夫静等，2014），同时有助于加深对土壤发育格局及其与环境因子和生态过程关系的认识（张伟等，2013），是土壤养分管理和施肥的重要基础（王红娟，2007；赵汝东，2008；邢月华，2009；刘志鹏，2013；赵业婷等，2013a；李志鹏等，2014）。

我国现阶段实施的耕地地力调查与质量评价项目是继20世纪80年代第二次土壤普查（1979~1983年）之后，为查清中国耕地质量状况，推进新时期种植业结构调整，提高农产品品质，加强耕地资源保护和建设所开展的一项基础性、公益性工作，是一项重要的国情调查。但目前此项目多基于县级行政单位进行，缺少大尺度区域的研究，难以从整体上把握耕地土壤肥力及质量水平，进而难以为决策者提供更广阔的视角和更完整的认识。大区域尺度的土壤连续属性信息，尤其是土壤养分含量的空间分布特征和定量分布信息是进行土壤质量评价和区域生态环境评价的重要基础，为区域实施精准农业战略、农业可持续发展等宏观决策提供科学依据和理论指导（刘志鹏，2013；吕真真等，2014；张楚天等，2014）。

1.2　研究目的与意义

关中地区是陕西省的粮食主产区，是我国北方重要的小麦和玉米产区和重点建设地区。包括陕西省5个地级市（西安市、铜川市、宝鸡市、咸阳市和渭南市），50 个农业县，其主体区域为古称"八百里秦川"的关中平原区。关中地区常用耕地面积占陕西省常用耕地总面积的 52.86%，粮食播种面积占陕西省粮食总播种面积的 54.81%，粮食产量占陕西省粮食总产量的 64.41%，粮食基地县共有 26 个，占陕西省总基地县数的 81.25%，对陕西省粮食安全起着举足轻重的作用。

20 世纪 80 年代至今，关中地区耕地面积和粮食播种面积在持续下降，后备开发资源严重不足，化肥施用量呈明显增加趋势，粮食产量与主要农作物单位面积产量在 2008 年以后变化缓慢甚至下降，其农业总产值在陕西省农业总产值中所占的比重呈下降趋势（陕西统计年鉴，1987~2013），农业生产能力受到严重制约。目前，关中地区的耕地土壤养分分布状况不明确，土壤养分管理研究工作尚不深入，导致当地农户施肥多凭主观经验，存在着很大的盲目性、不合理性；为追求高产，其化肥投入量普遍较大且在持续增大，化肥消耗量高达 1 504 878 t，占陕西省化肥消耗总量的 72.60%，尤以氮、磷肥投入为主，且施肥方式不当，肥料效益低，造成土壤污染、土壤养分比例失调及农作物产量的下降，并产生环境压力，严重影响该区优质高效粮食生产。关中地区的粮食产量和安全问题急需解决。

目前，关中地区耕地土壤养分及其肥力的研究均集中于小尺度区域，主要以县域为主，如陈仓区（刘京等，2010）、兴平市（李志鹏等，2014；赵业婷等，2013b，2013c）、武功县（马廷刚等，2011；赵业婷等，2011；齐雁冰等，2014）、临渭区（马文勇等，2013）、长安区（方睿红等，2012；赵业婷等，2014a）、蒲城县（秦占飞等，2012；赵业婷等，2014b）、合阳县（陈涛等，2013a）等地，其研究结果虽然真实可靠，能够直接指导农业生产与实践，但同时也具有分散、尺度小、不系统等缺点，且普遍忽视气候因素的作用。将关中地区作为一个整体，系统全面地认识关中地区耕地土壤养分空间特征及其变化是至关重要的，可为区域决策者提供更为广阔的视角和更完整、更全面的认识，以辅助决策。只有开展关中地区耕地土壤空间特征及其变化研究，掌握土壤养分的空间变异性特征、分布规律及其时空变化规律，明确限制性因素及存在的问题，才能有效保障区域粮食安全，遏制土壤退化，控制耕地污染，推进优势农产品区域布局，促进社会经济可持续发展。

鉴于此，本书从区域尺度出发，在陕西省耕地地力调查与质量评价项目和测土配方施肥项目的支持下，基于高密度的采样数据（2009~2011 年），采用经典统计学、数理统计学、模糊数学和地统计学等理论与方法，结合 GIS 技术，研究现阶段关中地区耕地土壤有机质、全氮、速效养分（速效氮、磷和钾）、微量元素（有效铁、锰、锌和铜）等养分的空间变异特征，空间分布特征，养分平衡及丰缺状况，评价土壤养分综合肥力水平；结合 20 世纪 80 年代历史数据开展耕地土壤养分的时空变化特征研究，探讨其变化规律及其存在的问题；同时，在高密度采样数据基础上结合随机抽样等方法，探讨区域耕地土壤养分空间变异性的尺度效应及其合理采样数量。本书中翔实、可靠的土壤养分数据丰富了关中地区耕地土壤资源数据库，为该区土壤养分长时间序列的深入研究、数字土壤制图、土壤改良分区、面源污染评估等提供数据支持。研究结果可为区域耕地保养及分区管理、耕地质量及生产潜力的综合评价、土壤采样设计等提供科学依据，为区域实施精准农业战略、农田生态环境保护、农业结构调整等宏观决策提供理论和实践指导。

1.3   国内外研究进展

本节主要对土壤养分空间变异性、空间预测方法、采样数量优化、土壤养分肥力评价等方面的国内外研究进展进行综述。

1.3.1   土壤性质空间变异性研究方法

土壤性质空间变异性的研究方法主要有经典统计学和地统计学两种方法。

经典统计学分析方法是由英国统计学家 Fisher（1952）所创，试从基本的描述统计量的知识引出重要的发现，该方法是依据土壤质地将土壤在二维平面区域内划分为若干相对较为匀质的单元，同时在土壤深度上划分为不同的土层，通过计算样本的平均值、最大值、最小值、极差、标准差、变异系数等参数和显著性检验等方式来定量描述土壤性质在整个区域和划分出的各小单元中的变异性特征（Heuvelink and Webster，2001；张少良，2007；王红娟，2007；赵汝东，2008；刘志鹏，2013）。经典统计学参数中的变异系数（标准差/平均值×100）常被用来表示土壤性质的变异程度，不同学者有不同的标准（张仁铎，2005）。目前使用频率较高、应用较为广泛的是 Nielsen 和 Bouma（1985）的划分标准，即变异系数<10% 时属弱变异性，10%~100% 时为中等强度变异性，≥100% 时属强变异性。据此，人们可以定量地描述土壤性质的空间差异，但此方法仍然只能默认土壤属性在空间上的离散性。随着土壤属性的空间变异性研究的不断深入，部分土壤学家提出土壤特性参数间不是相互独立的，通常在一定范围内存在空间相关性，空间上是连续的（Burrough，1993），此现象主要是因土壤形成过程中的连续性、气候带及地形地貌的渐变性和人为活动等造成的（沈思渊，1989；王红娟，2007）。而 Fisher 统计方法是以假设样本之间是完全独立且服从正态分布、

样本的抽取是随机的为前提条件，基本上只能定性描述土壤特性的全貌进行，不能反映其局部的变异特征，不能给予空间分布确切的描述，对土壤特性空间变异性的解释已不够充分、科学。

地统计学方法形成于 20 世纪 50 年代初期，并于 20 世纪 60 年代在法国统计学家 Matheron（1963）等学者的大量理论研究工作基础上形成的一门新的统计学分支，随后逐步完善与改进，因其首先应用于地学领域，被称为地统计学。它是建立在二阶平稳假设前提下，以区域化变量为研究对象，采用半方差函数（Semivariogram，又称变异函数）来量化区域化变量的空间变异性特征（结构性和随机性），即以半方差函数和抽样间距（h）间绘制半方差函数曲线图，建立有效的变异函数模型，获取块金值（Nugget，C_0），基台值［Sill，C_0+C］、变程（Range）及其块金系数［$C_0/(C_0+C)$］等参数，来揭示区域化变量空间变异性的强弱、结构和尺度等，弥补了经典统计学中忽略空间方位的不足（王政权，1999；张仁铎，2005；刘爱利等，2011）。

Campbell（1978）首先采用地统计学方法研究了土壤砂粒含量和土壤 pH 的空间变异（徐剑波等，2011）。20 世纪 80 年代，Burgess 和 Webster（1980）、McBratney 和 Webster（1983）等学者先后将地统计学克里格法应用于土壤调查、土壤属性的估计等。土壤属性的空间异质性研究逐渐成为土壤科学研究的重要内容，并开始由定性描述真正转向定量研究。我国于 20 世纪 90 年代后期开始将地统计学法应用于土壤属性的空间变异性（雷志栋等，1985；胡克林等，1999；郭旭东等，2000a，2000b；白由路等，2001；黄绍文等，2002；王坷等，2002）。目前，众多研究认为引起土壤性质空间变异的原因主要是系统变异和随机变异，其中系统变异多指自然因素，如成土母质、气候、水文、地形、地貌、生物等的差异引起的；随机性变异多指人为因素，如土壤采样、样品测试、仪器等误差及施肥、灌溉、种植模式等人为耕作管理措施引起的（Trangmar et al., 1985；Webster, 1985；Stolt et al., 1993；黄绍文和金继运，2002；赵汝东，2008；赵业婷等，2011，2012；邹青等，2012；姜悦等，2013；陈涛等，2013a；李志鹏等，2014）。目前土壤属性的空间变异性程度划分，广泛采用的是 Cambardella（1994）提出的划分标准，即块金系数值≤25% 时表现为强的空间相关性，25%~75% 时表现为中等强度的空间相关性，≥75% 时表现为弱的空间相关性（王政权，1999；张仁铎，2005；刘爱利等，2011）。

随着科学技术的发展，地统计学在被广泛应用的过程中，也不断产生新的问题和思想（Hengel et al., 2004；史文娇等，2012；刘志鹏，2013）。专家们发现土壤性质的空间变异特征表现出突变和渐变并存的规律，开始尝试将空间离散变化和连续变化相结合的方法来解释土壤性质的空间变异，尝试发展融合了离散性和连续性的空间变异模型（Goovaerts and Journel，1995；Hengel et al.，2004；Baxter et al.，2005；林芬芳，2009；李启权等，2013；刘志鹏，2013；石淑芹等，2014），但此类研究多受限于区域性特征。

1.3.2 土壤养分的空间变异性研究

土壤性质（物理、化学和生物性质）的变异性是普遍存在的，对土壤养分空间变异特征的充分了解是土壤养分管理和合理施肥的基础（黄绍文，2001；鲁明星，2007；王红娟，2007；赵业婷等，2012；高义民，2013；李志鹏等，2014）。土壤养分的空间变异是指在一定的时间内，土壤养分在不同的空间范围内有着相异性质的现象。国内外诸多学者把土壤养分当作区域化变量，将经典统计学、地统计学等中的空间变异理论和 GIS 技术等相结合的方法研究土壤养分空间变异性特征。

对土壤养分空间变异性研究的区域尺度而言，国外的相关研究多基于实验小区、小流域、田块等小尺度的典型区域，较大范围的研究不多见，国内相对较大范围内的研究越来越多。

国内外研究的对象多为与农业生产、环境质量密切相关的土壤养分指标，如土壤有机质、大量元素、微量元素、重金属等。Rodenburg 等（2003）研究了印度尼西亚山麓区水土流失背景下坡地中土壤磷素的空间变异性特征及其分布规律，分析了地表径流和火烧的影响。Tesfahunegn 等（2011）研究了埃塞俄比亚北部 Mai-Negus 小流域中土壤有机碳、全氮、全磷、速效养分等养分指标的空间变异特征，结合养分空间分布特征提出相应的管理措施。Foroughifar 等（2011）基于规则格网获取 98 个样点数据研究伊朗北部大不里士的 14 km×7 km 区域土壤微量元素的空间变异特征，研究结果表明，该区地下水位、土壤成土过程等是影响微量元素空间变异的重要因素。Marchetti 等（2013）基于 250 个样点数据研究了意大利中部的阿布鲁佐大区（Abruzzo）中 100 km² 内土壤有机质的空间变异特征，研究结果表明土壤质地、碳氮比是影响该区土壤有机质空间分布的重要因素。Denton 和 Ganiyu（2013）采用 80 个样点数据研究了尼日利亚伊巴丹市连续耕作的试验地（3 hm²）中土壤有机质和大量元素的空间变异性及其空间分布特征。

我国土壤养分空间变异性的研究多集中于城郊、小流域、典型农业县、特定的经济作物区等地（刘付程等，2003，2004；Wang et al.，2003；Hu et al.，2007；Huang et al.，2007；王宗明等，2007；庞夙等，2009；She et al.，2009；Wang et al.，2009；刘国顺等，2013；谢凯等，2013；Xu et al.，2014）。近年来，

随着我国耕地地力调查与质量评价和测土配方施肥项目的推进，县域尺度的研究明显增多，采样密度也有明显提高。李志鹏等（2014）基于1216个样点数据研究了关中平原兴平市耕地土壤速效养分的空间变异性，认为施肥、种植模式等人为活动是影响该区土壤养分空间变异的重要因素；姜悦等（2013）基于2686个样点数据研究了秦巴山区镇巴县的土壤微量元素的空间变异性，认为土壤理化性质、作物熟制、距村距离等是影响该区微量养分空间变异的重要因素；赵业婷等（2012）基于666个样点数据研究了黄土高原丘陵沟壑区富县耕地土壤速效养分的空间特征，认为施肥、地形地貌和年均降水量等是影响该区土壤养分空间变异的主要因素。目前，我国大区域尺度的土壤养分空间变异性研究相对较少，已有的相关研究中采样密度又较小。王红娟（2007）基于20 km×20 km的采样格网对华北平原（486个样点，$30×10^4$ km²）、东北平原（691个样点，$30×10^4$ km²）进行土壤全量及速效养分等养分指标的空间变异特性研究，并探讨其相应的培肥模式；刘志鹏（2013）基于382个样点研究了整个黄土高原区（$62×10^4$ km²）土壤有机碳、全氮、全磷等养分的空间变异特征；赵明松等（2013）基于1519个第二次土壤普查时期的土壤剖面数据研究江苏省（$10.26×10^4$ km²）耕层土壤有机质空间变异特征；吕真真等（2014）基于432个样点数据研究了环渤海沿海地区（$2.82×10^4$ km²）土壤0~30 cm和30~60 cm土层中土壤有机质、全氮、碱解氮、有效磷和速效钾5种养分的空间变异特征及其空间分布特征。

土壤养分的研究区域不同、采样尺度不同，其空间变异的影响因素也不同。范夫静等（2014）研究认为，植被、地形、人为干扰和高异质性的微生境是造成峡谷型喀斯特坡地土壤养分空间变异的主要因素；邓欧平等（2013）等研究认为，坡位、坡度和坡向等地形因子对四川紫土区中土壤养分的分布具有强烈影响；张文博等（2014）研究认为，在渭河干流地区，土地利用类型、海拔、坡度、坡向以及距河流的距离等对只在20 cm以上土层中的土壤有机质具有显著影响。总体上看，大尺度或地理特征复杂地区中土壤养分的影响因素主要是土壤母质、地形地貌、气候条件等的差异；小尺度区域，影响因素则多呈随机性，土地利用方式、培肥模式、种植模式等的影响相对较大。

空间变异是尺度的函数（Antonio，1996），为深入理解土壤特性的空间变异性特点，空间变异的尺度效应研究越来越丰富（林芬芳，2009，刘庆等，2009，于晓新等，2010，杨奇勇等，2011，赵彦锋等，2011，于婧等，2014）。Bloschl等（1995，1999）认为，研究尺度包括采样幅度（对应采样范围）、采用粒度（对应采样密度或间距）和采样支撑（对应采样仪器测量面积大小）（陈涛等，2013b；刘志鹏，2013）。诸多学者基于上述不同的空间尺度，开展尺度对土壤养分空间变异特征的影响研究。Garten等（2007）在研究美国田纳西州的落叶生态系统不同尺度（1m~1 km）下土壤全氮的空间变异特征时，发现了空间变异性的尺度效应。盛建东等（2005）在新疆石河子进行3种采样间距的网格取样，研究土壤速效养分的空间变异特征，发现采样间距的变化对均值、方差等经典统计参数影响不大，但对土壤养分的空间分布及合理取样数量的确定具有较大影响。陈彦（2008）研究了团场、连队和条田3个尺度下土壤有机质、全氮、有效磷和速效钾的空间变异性特征，发现土壤养分的空间相关性随采样尺度的增大呈增加趋势。潘瑜春等（2010）基于北京市郊区的高密度耕地采样数据源，采用随机取样法抽取了10个不同采样密度，研究采样密度对该区土壤养分空间变异特征及其参数的影响，研究发现随采样间距的缩小，土壤养分的预测均值呈下降趋势、其变异系数呈增大趋势，研究认为该区域内土壤样点空间布局对土壤养分的空间相关距和空间插值精度的影响比采样尺度本身更为重要。杨奇勇等（2010，2011）研究山东省禹城市耕地土壤养分在县级和镇级2个尺度下的空间变异特征，研究结果表明土壤养分的空间自相关性随研究区域尺度的缩小而减弱，其中土壤有机质与全氮的空间相关距离明显减小，随机性因素影响增大。刘吉平等（2012）在平整地块上（153 hm²），通过设定不同取样格网间距研究土壤碱解氮的空间变异性，研究表明，随采样尺度的增大，采样间距内的不可估计误差逐渐增大，空间结构性特征减弱。陈涛等（2013）通过控制最小采样间距抽取10个采样粒度系列，研究渭北旱塬区耕地土壤有机质与全氮的空间变异性对粒度的响应，研究结果表明，随采样粒度的增加土壤养分的空间自相关性减弱，此采样系列中土壤养分的空间变异性随粒度的变化并非简单的线性关系，而是表现出先增后减的倒U形变化。于婧等（2014）研究了汉江平原后湖农场土壤全氮的多尺度结构，研究结果表明，不同尺度上土壤全氮的空间变异特征差异明显，随着尺度的减小空间相关性变弱，土地利用方式对大尺度的空间结构无显著影响，对小尺度则有显著影响，土壤类型对大、小尺度均有影响，且随尺度增大显著性增强。Yu等（2011）研究提出采样密度对土壤有机碳含量有显著影响，但在县域尺度上，采用相同间距的网格法布点并不能有效反映养分的实际变异，应充分考虑土地利用和土壤类型等的差异进行布点。

土壤养分的时空变异性特征现已成为土壤学、生态学和环境学等领域的重要研究内容。国内外的土壤养分时空变异特征研究多集中于两个方面：一是采用传统统计学方法，基于土壤定位监测点数据，研究不同地区、不同时期或连续监测期内土壤养分含量的变化趋势及规律（Davidson et al., 2000；Bhandari et al., 2002；陈洪斌等，2003；张玉铭等，2003）；二是采用地统计学、多元统计学与GIS等技术相结合的方式，研究土壤养分的空间结构特征变化及其影响机制等，该方法现已广泛应用于土壤养分时空变异特征研究。胡克林等（2006）采用3个时期（1980 年、1990 年和 2000 年）数据研究北京市郊区耕层土壤有机质空间变异性特征，发现 20 年间土壤有机质的空间相关距呈递减趋势。张春华等（2011）基于 20 世纪 80 年代时期的土壤剖面点记录数据和 2003～2006 年实测数据研究了 2 个时期松嫩平原玉米带中土壤有机质和全氮的时空变异特征，研究发现 25 年间该区土壤养分含量逐渐趋向均一化、空间相关距离也变小。王海江等（2013）采用 2001 年和 2011 年 2 个时期的实测数据研究新疆兵团 10 年来土壤养分的时空变异特征，研究发现土壤养分的变异性趋于缓和。目前已有的土壤养分的时空变异性研究表明，人为因素在农田土壤养分中发挥着越来越重要的影响，秸秆还田、有机肥与化肥的施用、灌溉条件的改善等是土壤有机质及速效养分含量普遍提升的重要原因（胡克林等，2006；张春华等，2011；陈涛等，2013a；王海江等，2013；赵业婷等，2013a；李志鹏等，2014；赵明松等，2014）。总体上看，目前我国在基于 2 期以上实测数据的时空变异研究中存在的普遍问题是，不同年份间土壤样点在空间分布和样本总量上差异较大，在对数据进行趋势分析、空间插值上难免会产生影响，其研究结果中的不确定因素增大。

1.3.3 土壤养分的空间预测研究

土壤养分的空间分布特征是进行区域土壤肥力、质量评价和环境质量评价的重要基础。因此，土壤养分的空间预测方法一直是国内外土壤学、环境学研究的热点问题。

目前，通过野外采样和室内测定是揭示土壤养分空间分布特征的主要手段，空间插值技术可以将离散的点拓展为连续的数据曲面，实现区域土壤养分的空间连续分布。反距离插值法（inverse distance weighted，IDW），样条函数法（Spline）和克里格插值法（Kriging）是较为常见的土壤属性的空间预测方法。前人对上述 3 种方法的精度比较做了大量研究，但结论并不一致。地域不同，土壤理化性质的影响因子不同，采样密度不同等均会导致适宜的插值方法不同。整体上看，在土壤养分的空间预测上，克里格插值法效果优于前两种方法（Kravchenko and Bullock，1999；王坷等，2000；Schloeder et al.，2001；肖玉等，2003；石小华等，2006；陈光等，2008；张铁婵等，2010；马静等，2011），反距离插值法和样条函数法因忽略了空间结构特征，在采样稀疏的地区插值效果较差。

经典地统计学中的普通克里格插值法（Ordinary Kriging，OK）是各区域尺度下土壤养分空间预测的常用方法，因其广泛应用，使得其同时也是其他空间预测方法比较的基础、精度评价的参考标准等，该方法在众多文献中已有详细的介绍与说明，本书不再赘述。

近年来，诸多学者将克里格方法中考虑样点间的空间相关性的优势与土壤、环境的关系相结合，采用协同克里格法（Cokriging，CK）、回归克里格法（Regression Kriging，RK），分层克里格法（Stratified Kriging）等进行土壤养分的空间预测研究。协同克里格法的优势在于其可以同时分析多个土壤属性之间的相互依赖性和地域性，不仅能够利用主、辅变量的相关性，同时也可以辅助主变量构建更为稳定、准确的空间半方差结构来提高空间预测精度。Yates 和 Warrick（1987）等研究发现在主、辅变量间存在极显著相关性（相关系数 $R>0.50$），且辅助变量的采用密度高于主变量时，协同克里格法的空间估测精度明显高于普通克里格法。Baxter 等（2005）研究发现，以 DEM 数据为辅助变量的协同克里格法对土壤矿化氮、可用氮空间预测的精度明显优于普通克里格法。庞夙等（2009）、Wu 等（2009）、郭鑫等（2012）和赵业婷等（2014a）等研究表明，在采样数量较丰富的前提下，相同主辅变量采样数量下，以有机质为辅助变量的协同克里格法相对单一目标变量（铜、全氮）的普通克里格法是更为精确和经济的方法，可为县域农田土壤养分的空间分布提供更多的局部细节和信息。郭熙等（2011）研究发现，在山地丘陵区耕地土壤养分空间插值中，以海拔高度、坡度等地形因子为辅助变量的协同克里格法插值精度较高，插值效果优于普通克里格法和反距离插值法。李楠等（2011）研究表明，在城乡交错带地区，以有机质为辅助变量的协同克里格法在土壤全氮、有效磷和速效钾的空间插值中明显优于普通克里格法。杜挺等（2013）研究表明，利用土壤多种养分属性相关性进行的协同克里格法相比普通克里格法能缩小极值误差范围，减少均方根误差，提高拟合精度。石淑芹等（2014）以松嫩平原为例，从区域尺度角度研究协同克里格法的适用性，研究表明协同克里格法在区域土壤养分空间预测中的效果优于普通克里格法，同时提出土壤类型适于作土壤养分属性的辅助变量。Hengl 等（2004）研究发现，基于 DEM 数据的回归克里格法预测的土壤有机质空间分布图比普通克里格法更详细、准确。姜勇等（2005）研究表明，在目标变量有限的前提下，以上层（0~10 cm）土壤有机碳为辅助变量的回归克里格法是进行沈阳市南郊农田下层（10~20 cm）土壤有机碳空间分布特征研究的有效方法。姜勇等（2006）利用上层（0~10 cm）土壤锌为辅助变量的协同克里格法和回归克里格法研究下层（10~20 cm）土壤锌含量，研究认为相比普通克里格法，协同克里格法优势不明显，基于回归模型的克里格法效果更优。郭龙等（2012）研究表明，协同克里格法的算法相对地理加权模型（GWR）复杂，其在采样点密度不均一、土壤属性权重强弱的取舍方面存在一定的缺陷，使其应用性存在局限性，而地理加权模型方法相对简单易行，估计结果有明确的解析表示，能够在一定程度上弥补协同克里格法的缺陷。

克里格插值法具有平滑效应，易使预测值向均值或中值方向偏移，从而使其预测结果难以明显反映局部变异特征（吴春发，2008）。鉴于协同克里格法和回归克里格法的缺陷，人们提出了人工神经网络技术，用以处理具有非线性系统特征的土壤性质的空间分布。李启权等（2013）采用空间坐标和邻近样点信息作为网络输入，利用径向基函数神经网络法对土壤有机质、全氮和有效锰进行空间插值，研究结果表明此方法的插值精度显著高于普通克里格法、回归克里格法，神经网络模型能更准确地捕捉土壤养分与定量环境因子间的复杂关系。同时，刘吉平等（2012）研究表明，Kriging 插值精度总体优于 BP 神经网络。雷能忠（2008）等研究表明，在小样本数量情况下，BP 神经网络的插值效果明显优于克里格法，随着样本数量的增加，两种方法的插值精度逐步提高并趋于平稳，基本相同。此外，还有广义回归神经网络（general regression neural network，GRNN）方法，它是径向基网络的变形，克服了 BP 网络存在的收敛速度慢和局部极小等缺点，但该方法具有很强的函数拟合和逼近能力，训练样本数据要求较高，其必须均有很强的代表性。

近年来发展起来的高精度曲面建模（high accuracy surface modeling，HASM）是用于地理信息系统和生态建模的一种曲面建模方法，其在数值实验，气候、生态系统变化趋势的模拟上，精度均明显高于传统方法（Yue et al.，2007）。史文娇等学者于 2009 年首次将该方法应用于土壤属性插值中，并证明了其在土壤 pH 插值中的适用性（Shi et al.，2009）。但是，该方法在插值过程中需要高运算量和高存储量，计算时间较长，因而也制约了其在实践中的应用范围（史文娇等，2011；徐剑波等，2011）。基于此，史文娇等学者于 2011 年提出基于多重网格求解的高精度曲面建模（HASM-MG）方法来刻画南方典型红壤区土壤 pH 空间分布规律，该方法针对系数矩阵非零元素的分布规律，只需要存储不同网格层的对角线元素，相比以往需要存储最细网格层系数矩阵的 HASM 模型而言，大大减少了存储量，克服了其高运算量的瓶颈。该方法在保证了土壤属性的高插值精度的同时也解决了传统方法中常见的平滑（Kriging）和震荡问题（Spline），将土壤属性的高精度曲面建模向实用性方面推进了一步。该方法在不同养分指标及其区域中的适用性有待深入研究。

通过采集土样，进行土壤养分的常规测定方法比较准确，但土样测定手续繁、周期较长，不能及时有效反映土壤现实的养分水平来指导农业生产。遥感信息具有分辨率高、成本低、覆盖范围大、探测周期短、现时性强等优点，为快速、准确、动态获取数据提供了可靠的技术手段。早在 20 世纪 80 年代，人们就利用遥感技术检测土壤有机质含量并最初应用到精准农业的研究中，其使用的是可见光、近红外波谱中的主要波段（李德仁，2000）。近年来，国内外诸多学者采用多光谱、高光谱、超光谱遥感等分析技术对土壤碳储量、有机质含量等土壤属性信息进行相关研究（Alabbas et al., 1972；王丽霞等, 2008；孙珂和陈圣波, 2012）。多数研究表明，土壤光谱反射率与土壤有机质含量存在定量关系，如多呈显著的负相关性，土壤有机质含量可以从中得到一定程度的响应，光谱反射率经数学转换处理，如微分、对数、倒数、对数的倒数或导数等处理后，可以提高土壤养分含量估测的精度，从而可为精准农业土壤养分含量的快速测定提供途径（Baumgardner et al., 1985；Bendor and Banin, 1995；Galvao and Vitorello, 2001；McCarty et al., 2002；程朋根等, 2009；范燕敏等, 2013；于士凯等, 2013；曾远文等, 2013）。一些学者基于对土壤光谱特性的分析，找出土壤养分的敏感波段，分别构建估算土壤养分含量（主要是土壤有机质）的预测模型（张法升等, 2010；曾远文等, 2013）。然而，土壤光谱特性在很大程度上依赖于其成土母质，在较大的地理区域内，由于成土母质等的差异，土壤有机质与光谱反射率间的相关性较小，且土壤植被覆盖会对反演结果产生较大影响，学者间的研究结果存在不同，甚至大相径庭。目前基于遥感信息的土壤养分反演模型多适用于特定的区域即研究区域相对较小、土壤类型和土壤预处理方法；其次，大多数农作物约80%的根系分布在 0~50 cm 的土层中，而该类研究目前多集中于 0~20 cm 的土层，其土层深度相对较浅且非目标因子的干扰强度较大，其研究结果及结论难以直接用于实时分析土壤参数（徐永明等, 2006；刘焕军等, 2008；栾福明等, 2014）。

1.3.4 土壤养分的采样数量研究

任何的土壤肥力或质量的调查采样都只能是一个有限的采样过程（张贝尔等, 2013）。合理采样数量（最优采样数量）取决于总样本量的变异性、估计样本总量均值所要求的精度水平、估计样本总量所需的置信区间和采样与样本分析的费用及时限等（李润林, 2011）。国内外诸多学者开展了一系列的采样数量研究。研究方法主要围绕经典统计学法、地统计学法及二者相结合的方法。

基于经典统计学法的采样数量研究主要是 Cochran（1977）提出的纯随机取样方法，该方法是在一定的置信水平和误差要求下，基于标准差、变异系数等参数计算的合理采样数量，因该方法没有考虑到变量的空间变异性特征，无法确保缩减样本后估值的准确性（庞凤等, 2009；李润林, 2011）。已有研究表明，Cochran 方法获取的采样数量明显偏低，易导致土壤属性空间预测不准确，增大预测误差和不确定性（余新晓等, 2010；谢宝妮等, 2011；赵倩倩等, 2012；张贝尔等, 2013）。

　　基于地统计学方法的采样数量研究多是在原土壤养分指标的半方差函数结构、分布格局等研究的基础上，进行有步骤的抽样，进而分析与比较各抽样系列下土壤养分的空间结构特征、插值精度变化，来确定合理的采样数量。Webster和Oliver（1992）对一个模拟出的、自相关域的合理采样密度进行研究，发现采样数量对构建半方差函数的稳定性起着重要的影响；Gascuel和Boivin（1994）通过对塞内加尔河流谷地288 hm²中的561个栅格样点中抽取不同样点数量下的各20次重复，分析不同样点数量下各半方差函数结构特征，认为该区域经济合理的采样数量为200个；Muller和Pierce（2003）在第3种采样密度的半方差拟合效果较差的情况下，研究前2种采样密度下土壤碳的估测精度，分析认为较大采样密度下的误差通常较小，可以进行采样数量的优化研究；Macros等（2011）采用规格网格布点法研究巴西拉法德（Rafard）地区土壤最佳采样数量，认为不同土壤养分其采样密度也不同，对土壤有机质分析时，合适的采样密度为2～3 hm²设置1个点，而对土壤全钾、全磷含量分析时，则采样密度至少1hm²设置1个点。国内也有众多相关研究，王志刚等（2010）在研究黄河三角洲土壤养分空间变异性时认为，该地域中县级单位土壤肥力指标调查时，较为合理的采样数量为250个。

　　阎波杰等（2008）通过对土壤重金属的空间变异性研究认为，考虑空间结构性和随机性特征可以辅助确定更为合理的采样数量。姜怀龙等（2012）以沂南县耕层土壤有机质为例，采用地统计学法结合随机抽样法研究不同采样密度下有机质的空间变异特征及其合理的采样数量，认为采样密度的减小、间距的增大对县域土壤有机质的半方差理论模型的拟合度及其空间结构特征均没有必然影响，该县有机质合理采样数量为400个以上。张贝尔等（2013）通过对华北平原典型区土壤综合质量的研究发现，样本数量减少使得土壤质量指数的空间变异的表达能力减弱，以土壤质量评价为调查目的的土壤采样中，该区90个样点较为经济、适宜；赵倩倩等（2013）采用地统计学和随机抽样法，研究山东省县域土壤有机质、全氮和速效钾的合理采样数量，认为该县域3种养分的合理采样数量为1035个、842个和1033个，同时提出了相应的合理采样间距。Yu等（2011）采用网格法研究余江县不同土地利用类型、土壤类型中土壤有机碳含量的最佳采样密度，研究结果表明，采样密度对土壤有机碳有显著影响，但在县域尺度上，采用相同间距的网格法布点并不能有效反映养分的实际变异，设置采样密度时应充分考虑土地利用类型和土壤类型等的差异。

　　上述研究是通过改变土壤养分自身的采样数量、密度或采样间距来寻求采样成本与预测精度间的切合点。随着空间插值技术的发展，以辅助变量的协同克里格法在采样数量优化中表现出优势。李楠等（2011）以有机质为辅助变量，进行土壤全氮、有效磷和速效钾的协同克里格法应用研究，研究结果表明，在主变量下降17%、辅变量数量不变时，其插值精度仍明显高于普通克里格。李润林等（2013）研究表明，在土壤采样数量缩减20%时，以海拔高度和有效铜作为辅助变量的土壤锌的协同克里格法仍能满足精度要求。庞夙等（2009）、郭鑫等（2012）、赵业婷等（2014a）等研究表明，以全部单一目标变量的空间结构特征和普通克里格插值结果为基准，以有机质为辅助变量的协同克里格法可以优化县域土壤养分（铜、全氮）的采样数量。目前的土壤养分合理采样数量的研究多基于中小尺度区域，缺乏大尺度区域的应用研究。

1.3.5　土壤养分肥力评价研究现状

土壤肥力是土壤的本质属性，土壤养分肥力评价是土壤肥力评价的重要组成部分。目前土壤养分肥力评价的方式主要有两种形式：一是通过经典统计学和地统计学等方法分析研究区内各土壤养分的空间分布特征，综合各养分的丰缺状况，定性的描述区域土壤养分肥力的整体水平（易秀等，2011；覃群明，2014）；二是选取区域代表性强的养分指标，量化各养分指标，运用评价方法综合分析，进而对土壤养分肥力水平进行评判（赵汝东，2008；崔潇潇等，2010；方睿红等，2012；李志鹏等，2013）。

目前，土壤养分肥力评价方法主要有指数综合法、模糊综合评判法、层次分析法、多元统计方法、人工神经网络方法和支持向量机方法等，其中以指数综合法、模糊综合评判法，层次分析法、人工神经网络法等应用较多，整体上继承和发展着土壤养分空间变异性研究的方式方法，现多与地统计学中的空间插值法相结合，将养分肥力由点拓展到面（郑立臣等，2004；方睿红等，2012；李志鹏等，2013）。土壤养分指标较多，测定手续复杂繁琐，应用也比较困难（Singer and Ewing，1999；郑立臣等，2004）。出于实际应用的目的，现多选择代表控制肥力关键变量能力的指标。已有的相关研究多遵循最小数据集（minimum data set，DMS）原则（张华和张甘霖，2001；王子龙等，2007；曹志洪，2008），以主导性、实用性、可测量性、差异性、精确性作为筛选原则。赵汝东（2008）选用土壤有机质、全氮、有效磷和有效钾4种土壤养分指标，分别采用传统判别分析方法，人工神经网络方法和支持向量机方法研究北京地区耕地土壤养分肥力，其研究结果表明支持向量机方法相比传统的判别分析方法具有明显优势，但与人工神经网络方法相比，仅表现为理论优势。崔潇潇等（2010）选取土壤有机质、全氮、有效磷、速效钾和pH等5种养分肥力指标，采用相关系数法、地统计学法和模糊综合评价法研究北京市郊区土壤肥力空间变异性特征及其分布特征。江福英等（2012）选取土壤有机质、全量元素、有效态微量元素和 pH 等 10 个土壤养分肥力指标，应用模糊综合评判法研究闽东地区茶园土壤养分肥力水平。赵月玲等（2013）采用主成分分析和聚类分析的方法，量化土壤养分指标，评价吉林省中北部土壤养分肥力水平，以期充分了解土壤本身的特性，达到合理施肥的目的。方睿红等（2012）选取土壤有机质、碱解氮、有效磷、速效钾和 pH 等 5 种养分肥力指标，采用层次分析法、地统计学法和模糊综合评价法，评价关中台塬区耕地土壤肥力空间分布特征，以期更好地指导农业生产。李志鹏等（2013）选取土壤有机质、速效氮、有效磷和 pH 等 5 种土壤养分指标，采用相关系数法、地统计学方法和模糊综合评判法，研究关中平原县域农田土壤养分肥力特征，提出障碍性因素。

　　总体而言，目前我国土壤养分肥力评价中评价指标的选取多以土壤有机质、全氮等大量元素为主，其中土壤有机质与全氮间多呈极显著的正相关关系，两者同时参与评价易产生多重共线现象，是否合适存在争议，土壤 pH 是否适宜参评也存在争议；其次，土壤养分肥力评价的研究区域多基于中小尺度，以县域尺度为主，需要拓展大区域尺度的研究，给予整体的认识与把握；再者，当前的土壤养分肥力评价结果普遍缺乏检验，其区域的适用性有待考量。

|第 2 章| 研究内容与方法

2.1 研究区概况

关中之名，始于战国时期，据《长安志》记载，其指居于函谷关（东），大散关（西），萧关（北）和武关（南）四关之中部。正式作为行政区划始于民国初年设立的关中道，兼有商洛的武关在内，因函谷关、萧关不在陕西省辖区内，故不包含。现在的关中是进一步依据水文、地貌特征划分，与陕北、陕南并肩，是指秦岭以北，黄龙山、桥山以南，陇山以东，潼关以西的渭河流域地区，至此商洛的武关也划出了关中，实际上现今的关中是指潼关和大散关之间。本书中的关中地区则是将现今的关中结合其所在的陕西省地级市行政区划来界定。

关中地区土壤肥沃，河流纵横，气候温和，《史记》中称其为"天府之国"。它是我国北方重要的小麦和玉米产区，是关中—天水经济圈的主体，重要的交通枢纽，辐射四方的通道，陕西省乃至全国的重点建设地区。

2.1.1 基本情况

关中地区位于陕西省中部，西起宝鸡，东至潼关，南依秦岭，北至黄龙山、子午岭。地理位置在北纬 $33°34'52''\sim35°52'05''$，东经 $106°18'25''\sim110°36'36''$，东西长约 360 km，南北宽约 170 km，总面积 5.55 万 km^2，占陕西省省域面积的 27% [陕西省地理国（省）监测工作领导小组办公室，2011]。行政区划包括陕西省西安市、铜川市、宝鸡市、咸阳市和渭南市 5 个地级市；辖 3 个县级市（兴平市、韩城市和华阴市）、32 个县和 19 个市辖区共计 54 个县级行政单位；辖 448 个镇、11 个乡和 176 个街道办事处共计 635 个镇级行政单位。人口有 2393 万人（2013 年），占陕西省总人口的 63.62%。该区地势中部低平，南北两侧较高，渭河自西向东穿过辖区。地处暖温带半湿润与半干旱气候的过渡地带，属大陆性季风气候，冬冷夏热、四季分明。年均气温 $9.9\sim15.8℃$，积温 $2387\sim4668℃$，日照时数 $1685\sim2440$ h，无霜期 $130\sim220$ d，年均降水量 $500\sim700$ mm，降水量年际变化大，年内分配不均，多集中在夏、秋两季，全年蒸发

| 16 |

量大于降雨量，是我国东部季风同纬度带地表径流较少的区域。

2.1.2 地形地貌

关中地区地貌类型与耕地坡度如图 2-1 和图 2-2 所示。海拔高度为 323 ~ 3771 m，极差高达 3448 m，平均海拔高度 1025.85 m，最低点位于区东南角的渭南市潼关县秦东镇十里铺村（323 m），最高点位于区西南角的宝鸡市太白县鹦鸽镇南塬村（3771 m）［陕西省地理国（省）监测工作领导小组办公室，2011］。81.25%的地区海拔高度低于 1500 m，其中约 20%的地区低于 500 m，30%的地区为 500 ~ 1000 m，30%的地区为 1000 ~ 1500 m。

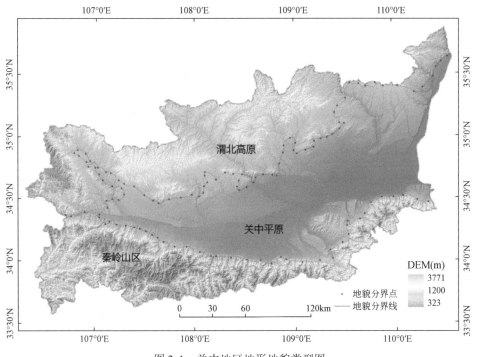

图 2-1 关中地区地形地貌类型图

关中地区坡度平均值为 12.46°，0° ~ 3°分布面积相对较多，占 28.22%，余下的 3° ~ 8°，8° ~ 15°，15° ~ 25°和>25°的 4 个等级分布面积相当，面积比例分别是 19.06%、16.74%、19.43%和 16.55%。

关中地区自北向南划分出三大地貌类型：渭北高原，关中平原和秦岭山区。

北部的渭北高原区，面积为 18 719.45 km²，占关中地区总面积的 33.75%。海拔高度为 372 ~ 2453 m，平均海拔高度 1185.69 m，坡度多集中于 8° ~ 25°，平

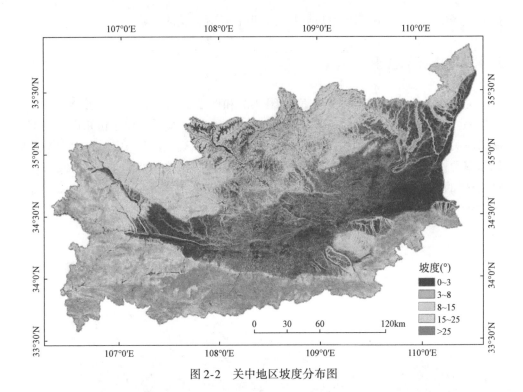

图 2-2　关中地区坡度分布图

均坡度 14.07°，地形破碎。长期以来在中生代地层及新生代晚第三纪红土层所构成的古地形上，广泛覆盖了一层很厚的风成黄土形成的。后经长期水流冲刷作用和其他外营力的剥蚀作用，发育成黄土塬、梁、峁、沟壑等黄土区特有的地貌景观（陕西省土壤普查办公室，1992；赵彩云，2008；刘京，2010），该区主要为黄土丘陵地貌。

中部的关中平原，23 278 km²，占关中地区总面积的 41.97%。该区三面环山、向东敞开，是由河流冲积和黄土堆积形成的。海拔高度为 323～900 m，平均海拔高度 546 m，坡度集中于 3°以下。土质肥沃，水源丰富，自然条件较好，古称 "八百里秦川"，其内基本地貌类型是河流阶地和黄土台塬。渭河横贯平原，东入黄河，河槽地势低平。从渭河河槽向南、北两侧，地势呈不对称性阶梯状增高。渭河北岸阶地与渭北高原之间，分布着东西延伸的渭北黄土台塬，塬面广阔，海拔高度为 460～900 m；渭河南侧的黄土台塬断续分布，高出渭河 250～400 m，呈阶梯状或倾斜的盾状，由秦岭北麓向渭河平原缓倾。

南部的秦岭山区，面积为 13 467.12 km²，占关中地区总面积的 24.28%。海拔高度普遍高于 1000 m，平均海拔高达 1643.24 m，坡度普遍高于 15°，平均坡度 24.85°。地貌特征是坡陡、土薄石多，山岭与河谷相间。地质构造上是一个北仰南附的巨大断块山，致使北坡翘起而十分陡峻（陕西省土壤普查办公室，1992）。

2.1.3 河流水系

关中地区除宝鸡市辖的凤县、太白县两县属长江流域外，余下地区均属黄河流域。黄河及其支流曲折流过关中地区，带来了灌溉之便。黄河最大支流——渭河，发源于甘肃省渭源县鸟鼠山，自西向东横贯关中平原，东至关中地区的潼关县汇入黄河。渭河北岸有北洛河、泾河、千河等支流，这些支流流经黄土高原，夹带大量泥沙；渭河中、下游渠道纵横，经历代扩建，现今有泾惠渠、渭惠渠、洛惠渠等灌溉工程，成就了历史上著名的关中产粮区（图 2-3）。

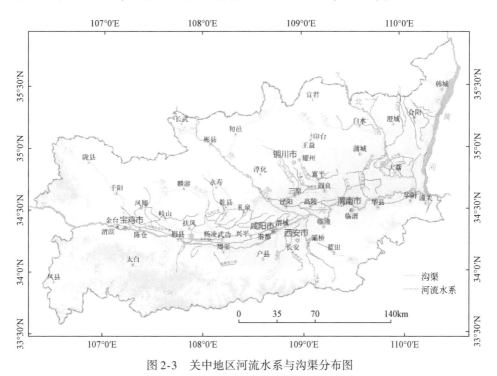

图 2-3 关中地区河流水系与沟渠分布图

2.1.4 土壤资源

关中地区土壤类型主要以褐土、黄绵土、棕壤、黑垆土、新积土和潮土为主，空间分布如图 2-4 所示。褐土是关中地区典型的地带性土壤，所占面积比例达 30.85%；其中的塿土是在人们长期耕作、堆起覆盖的影响下，在原来的自然褐土上覆盖了数 10 cm 厚的熟化层,创造出的新型的农业土壤(赵业婷等,2013a),占 14.85%,遍布于关中平原区。黄绵土占 26.65%,遍布于渭北高原及台塬区。棕壤占 13.94%,集中分布于秦岭山区。黑垆土大致分布在千河以东至清河、漆水河和沮河以北的区域;新积土和潮土多依河流走向呈条带状分布,镶嵌于各地貌区内,此外在区东部分布着由黄河、渭河和洛河三河汇流处沉积的沙土形成的风沙土等。

图 2-4 关中地区土壤类型分布图

关中地区土壤质地自北向南呈粘壤土—粉砂粘壤土—砂砾质壤土分布,整体以粘壤土为主;黄河、渭河及其支流泾河、洛河等沿岸分布着砂壤土,东部风沙土地区多分布砂土。土壤 pH 为 7.0~8.5,平均值在 8.0 左右,整体呈弱碱性。

2.1.5 土地利用结构

关中地区土地利用以耕地和林地为主,二者空间分异明显,如图 2-5 所示。根据《土地利用现状分类》(GB/T21010—2007)标准,2009 年关中地区耕地面积占全区总面积的 30.70%,林地占 41.38%。近年来,关中地区耕地、草地面积呈减少趋势,建设用地、林地和园地呈明显增加趋势。整体而言,耕地、林地和建设用地对关中地区土地利用结构的影响较大（刘钊等，2013）。关中城市群是中国率先发展起来的十大城市群之一，随着关中城市群的发展，城市化、工业化的推进，该区土地利用的矛盾日趋显现，土地承载的负荷在不断增大（李倩倩等，2011）。关中地区在人口不断增长和耕地面积不断减少的双重作用下，人均耕地面积下降趋势更加明显。

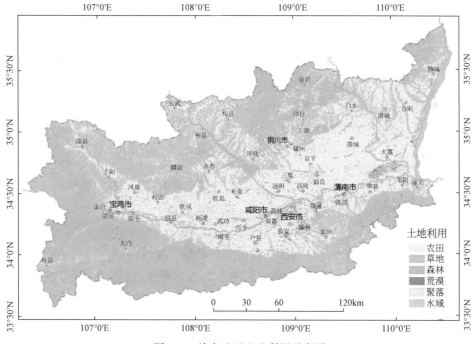

图 2-5　关中地区土地利用示意图

2.1.6　农业生产状况

关中地区常用耕地面积为 1 507 150 hm²，占陕西省常用耕地总面积的52.68%，其中水浇地面积 777 720 hm²，占陕西省水浇地总面积的 83.23%，平均每一乡村人口占有耕地面积 0.97 hm²。粮食播种面积为 1 718 240 hm²，占陕西省总播种面积的 54.81%，粮食产量达 7 456 633 t，占陕西省粮食总产量的64.41%，复种指数约为 114%。陕西省粮食生产大县共 32 个，关中地区含 26个，其播种面积占基地县总播种面积的 87.19%、产量占 87.57%。主要农作物单位面积产量为 4875.67 kg/hm²，高出陕西省平均水平 22.47%（3981 kg/hm²）。

农业现代化方面，关中地区农用机械总动力合计 12 314 000 kW，占陕西省农用机械总动力的 60.60%；大、中、小型机配农具占陕西省总量的 80% 左右，联合收割机占陕西省总量的 97.31%，农用运输车辆占 60.70%。农业投入上，化肥施用折纯量高达 1 504 878 t，占陕西省总量的 72.60%；农用塑料薄膜使用量达到 24 184 t，占陕西省总量的 64%（陕西统计年鉴，2012）。

关中地区 2012 年农业生产总值 920.29 亿元，占陕西省农业总产值的 60.30%，占关中地区农林牧渔业总产值的 66.87%。其中，咸阳市农业总产值最大（38.10%），渭南市次之（24.10%），余下依次为西安市（21.01%）、宝鸡市（13.94%）和铜川市（2.85%）（陕西统计年鉴，2012）。

整体上看，20 世纪 80 年代至今，关中地区耕地面积和粮食播种面积在持续下降，复种指数在增加，化肥施用量呈明显增加趋势，农业现代化水平不断提高，粮食产量与主要农作物单位面积产量呈曲线增加趋势，2008 年以后两者变化缓慢甚至下降，农业总产值在稳步提升，但其在陕西省农业总产值中所占的比重呈下降趋势（陕西统计年鉴，1987~2013）。

2.2 研究内容

本书基于测土配方施肥项目的高密度采样数据，探讨区域合理的采样数量及采样数量优化方法；根据耕地土壤的 9 种土壤养分数据（大量元素有机质、全氮、速效氮、有效磷、速效钾和有效态微量元素铁、锰、锌和铜）为主体研究对象，系统、全面地分析关中地区现阶段耕地土壤养分的空间变异性特征，空间分布格局，养分平衡及丰缺状况，综合肥力水平等，同时，充分收集与整理关中地区自然地理数据（地形、气候等），20 世纪 80 年代~21 世纪 10 年代土壤属性、农业生产与管理等数据与资料，建立两期（20 世纪 80 年代~21 世纪 10 年代）土壤属性与空间数据库，探明 30 年间该区土壤养分的时空变化规律、主要影响因素及其存在的问题等。具体研究内容如下。

2.2.1 区域土壤养分研究合理采样数量确定与空间估值

以关中平原区为研究对象，系统研究与探讨该区耕地土壤有机质及速效养分的空间变异性及其对采样尺度的响应，进而确定地统计学法支持下的合理采样数量，为区域耕地土壤采样设计、科学研究与利用管理等提供理论依据，为采样尺度对 Kriging 分析结果的不确定分析提供基础。以该区典型农业县蒲城县和长安区为例，研究与探讨以有机质为辅助变量的协同克里格法在土壤全氮空间估值及其采样数量优化中的适用性。

2.2.2 土壤有机质和大量养分元素空间特征研究

研究关中地区现阶段耕地土壤有机质和大量养分元素养分的基本状况、空间变异性特征、空间分布格局、养分平衡及丰缺状况和影响因素。明晰关中地区现阶段耕地土壤养分现状及其分布规律。

2.2.3 土壤有机质和大量营养元素动态变化

研究 30 年间（20 世纪 80 年代~21 世纪 10 年代）关中地区及子区中耕地土壤有机质和大量养分元素的时间及空间变化特征，总结其变化规律，探讨农业生产中存在的问题。

2.2.4 土壤微量元素空间特征及其变化

研究关中地区耕地土壤有效态微量元素铁、锰、锌和铜的空间结构特征、分布规律及其时空变化特征，探讨其影响因素。

2.2.5 区域耕地土壤养分肥力评价

在上述研究的基础上，量化单因素养分指标，结合相关系数法、层次分析法、专家经验法和模糊数学法构建关中地区耕地土壤养分肥力评价体系，进行养分肥力综合评价研究。

2.3 研 究 方 法

本书采用高密度的田间实测数据，基于 GIS 技术平台，采用经典统计学、数理统计学和地统计学等方法，充分利用历史数据和当前研究数据，进行数据挖掘，研究关中地区土壤养分变异特性、空间分布格局及其时空变化规律、合理采样数量等；继而，结合专家经验法和模糊数学法等，进行土壤养分肥力评价研究。本文的主要研究方法如下。

2.3.1　土样的采集与测定

遵照《中国耕地地力调查与质量评价技术规程》（NY/T 1634—2008），在2009~2011年，作物收获后、施肥前，根据各县具体的地形地貌、土壤类型与分布、肥力高低、作物种类和管理水平等因素特点，以全面性、均匀性、客观性和可比性（以20世纪80年代第二次土壤普查时期土壤样点信息为参照）为原则，确定采样单元。在每一采样单元，根据单元形状和大小确定适当的布点方法即长方形地块采用"S"法，近似正方形地块采用"X"法或棋盘形布点等，对于土壤类型及地形条件复杂的区域，优势农作物或经济作物种植区适当加大取样密度。用差分GPS仪确定样点空间地理位置及海拔高度，同时调查与记录周围的景观信息、耕作制度和生产能力等情况。每个单元采集10个点0~20 cm土层土壤样品，将采集的各样点土壤充分混匀后，用四分法留取1.5 kg土样装袋以备分析。

本书共采集土壤样品60 000余个（图2-6），遍及关中地区5个地级市、50个农业县、18个土壤类型、80个土壤亚类。其中微量元素（有效态铁、锰、锌

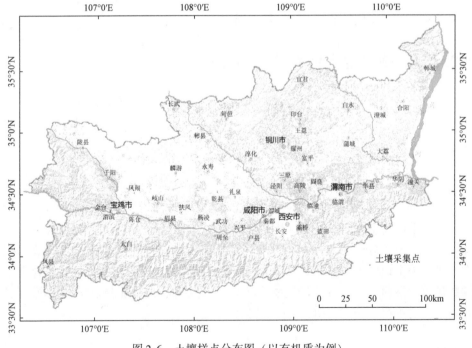

图2-6　土壤样点分布图（以有机质为例）

和铜）多参照县域样品的 40%～50% 的数量标准测定，样点约 28 000 个，基本遍布关中全地区；全氮的样品测定数量较少，24 000 余个，仅分布于区内 32 个农业县。

土壤养分的测定方法均严格按照《中国耕地地力调查与质量评价技术规程》（NY/T 1634—2008）标准。

2.3.2 特异值处理方法

特异值的存在易引发变异函数的比例效应，增加估计误差（王政权，1999）。本书汇集关中地区 50 个农业县的采样数据，数据量庞大，录入的数据需严格、认真的核对与检查。具体数据检查与特异值处理流程：①首先以县域为单位汇总各养分含量数据的基本统计特征，统一规范各养分含量的单位，对极值及其邻域进行对比检查，减少人为录入的失误；②统计分析县域各养分含量数据的极大值和极小值及其上下 5% 数据，结合 3ó 准则（域值法）和邻近点数据比较法，进行特异值的替换和删除（赵业婷等，2011；邹青等，2012）；③以地市级为单位，采用域值法、局部 Moran's I 指数法和经验法相结合的方法，进行特异值的替换与删除；④继续采用局部 Moran's I 指数法结合经验法分析关中地区全部的土壤养分含量数据，进行特异值的剔除和替换。

本书中共保留关中地区耕地土壤大量元素中有机质有效样点 66 039 个，全氮 24 002 个，速效氮 61 780 个，有效磷 64 280 个和速效钾 63 958 个；微量元素中有效铁 28 666 个，有效锰 26 492 个，有效锌 26 068 个和有效铜 26 007 个。

2.3.3 数理统计分析方法

1）采用经典统计学参数如最小值、最大值、平均值、标准差和变异系数等描述关中地区及其子区间土壤养分的分布特征，其中变异系数采用 Nielsen（1985）划分标准；采用偏度、峰度和柯尔莫诺夫－斯米尔诺夫（Kolmogorov-Smirnov，K-S）检验法分析原始数据的正态分布性，对于不符合正态分布的数据，采用 Box-Cox 数据变换公式使其符合或近似符合正态分布。

$$Y(s) = (Z(s)^{\lambda} - 1)/\lambda \qquad \lambda \neq 0 \qquad (2-1)$$

式中，$Y(s)$ 是变换后的符合或基本符合正态分布的数据集；$Z(s)$ 是有效样点数据集；λ 是拟合参数。

2）采用线性相关系数法统计土壤养分间，及其与海拔、坡度、积温、年平均降水量、日照时数、土壤 pH、人为因素（距沟渠、城区、主干道路等距离）

等环境因素间的相关关系；采用单因素方差分析（最小显著法）（$P<0.05$）来分析各土壤养分在不同地貌类型、行政区划、土壤类型间的差异性程度。

3）预测精度评价选用绝对评价指标即平均绝对误差（MAE）反映预测值的实测误差范围，均方根误差（RMSE）反映样点数据的估值和极值效应，相对评价指标即平均相对误差（MRE）和相关性指标即相关系数（R）进行评价。根据具体研究内容及数据处理方法，择优选取其中 2~4 个指标。

$$MAE = \frac{1}{n} \sum_{i=1}^{n} |\hat{Z}_i - Z_i| \tag{2-2}$$

$$RMSE = \sqrt{\frac{1}{n} \sum_{i=1}^{n} (\hat{Z}_i - Z_i)^2} \tag{2-3}$$

$$MRE = \frac{1}{n} \sum_{i=1}^{n} \frac{|\hat{Z}_i - Z_i|}{Z_i} \times 100\% \tag{2-4}$$

式中，$\hat{Z}_i$ 为第 i 个样点的预测值；Z_i 为第 i 个样点的实际观测值；n 为样点数。MAE、RMSE 和 MRE 值越小，说明误差越小、拟合精度越高。

2.3.4　空间结构特征分析方法

半方差函数分析与空间自相关性分析可表征土壤养分的空间相关性特征；其与分维数结合能较好地揭示土壤养分的空间结构变异与随机变异特征。目前的研究普遍采用单一的半方差函数（变异函数）来定量刻画土壤养分空间变异性特征，较少结合其他分析方法从不同角度刻画土壤空间变异特征。本研究将半方差函数、空间自相关性和分维数三者结合共同刻画土壤养分的空间结构特征。

半方差函数分析与空间自相关分析是衡量空间相关性分析的两种方法，差别在于二者计算方法不同，即半方差函数计算的是方差，得出的相关尺度既包括正的自相关也包括负的自相关，而自相关指标计算的是协方差，分析时区分了正负两种相关性（刘庆等，2011；赵业婷等，2014b）。空间自相关分析弥补了半方差函数中缺乏的对空间相关显著性及正负性提供的统计学检验，但其无法实现半方差函数在插值方面的优势，即无法定量揭示区域变量空间相关性程度与空间变异的尺度范围，无法为克里格插值的提供参数依据，两者结合，空间相关性分析结果才真实可靠。

2.3.4.1　半方差结构分析

半方差函数即地统计学中二阶矩变异函数，是地理学相近相似定理的定量化，是刻画区域化变量空间变异特征的常用方法，是克里格插值的基础（王政权，1999；Webster and Oliver，2001；张仁铎，2005；汤国安和杨昕，2006；刘爱利等，2010）。半方差函数中有 3 个重要参数，即块金值（Nugget，C_0），反映区域化变量内部随机性的可能程度；基台值（Sill，C_0+C），是指随采样点间距（h）的增大，半变异函数从初始的块金值达到相对稳定的一个常数，反映区域化变量在研究范围内变异的强度；变程（Range）表示变量在某种观测尺度下空间相关性的作用范围，其大小受观测尺度的限定（王政权，1999；张仁铎，2005；汤国安和杨昕，2006；刘爱利等，2010）。继而，根据块金系数即块基比 $[C_0/(C_0+C)]$ 来衡量区域化变量的空间结构性。本研究中各土壤养分的空间相关性程度的划分标准按照 Cambardella（1994）标准。

本研究应用目前发展较为成熟的球状、指数和高斯 3 种模型，以残差平方和（RSS）最小、决定系数（R^2）最大为主要原则，获取最优的半方差函数理论模型及其参数。半方差函数计算公式如下：

$$\gamma_{ij}(h) = \frac{1}{2N(h)} \sum_{a=1}^{N(h)} [Z_i(x_a) - Z_i(x_a+h)] \times [Z_j(x_a) - Z_j(x_a+h)] \quad (2-5)$$

式中，$\gamma(h)$ 是半方差函数；h 为样本间距；$N(h)$ 是间距为 h 的区域化变量 $Z_i(x)$ 和 $Z_j(x)$ 的样点对数。$Z(x_i)$ 和 $Z(x_i+h)$ 分别是随机变量在空间位置 x_i 和 x_i+h 上的取值。当 $i=j$ 时，该式表示单变量的半方差函数；当 $i\neq j$ 时，该式表示 2 个变量的交互半方差函数。

2.3.4.2 空间自相关性分析

空间自相关分析是对研究变量空间相邻位置间相关性进行检验的一种统计方法，通过检测某位置变异对邻近位置变异的依赖性，判断其是否存在空间自相关（Goovaerts，1999；陈涛等，2013b）。全局 Moran's I 指数是空间自相关性分析中应用最广泛的一种参数，其计算公式如式（2-6）所示，取值范围是 $[-1，1]$，并可通过标准化统计 Z 值 [式（2-7）] 检验其空间自相关的显著性（王政权，1999；武继磊，2005；刘庆等，2011；陈涛等，2013b；司涵等，2014；赵业婷等，2014b）。

$$I = \frac{\sum_{i=1}^{n} \sum_{j\neq i}^{n} w_{ij}(x_i-\bar{x})(x_j-\bar{x})}{S^2 \sum_{i=1}^{n} \sum_{j\neq i}^{n} w_{ij}} \quad i \neq j \quad (2-6)$$

$$Z(I) = \frac{I - E(I)}{\sqrt{VAR(I)}} \quad (2-7)$$

式中，n 是变量 x 的样本数；x_i、x_j 是位置 i 和 j 的样本实测值；S^2 是其方差；$\bar{x}$ 是平均值；w_{ij} 是对称二项分布空间权重矩阵。

2.3.4.3　分维数

分维数（fractal dimension，FD）表示变异函数的特性，常被用于表征土壤属性空间异质性特征，其计算公式如式（2-8）所示，取值范围为（1，2]。由于FD 是一个无量纲数，因此可以通过比较不同变量间的 FD 值，来衡量变量间的空间异质性程度强弱。FD 值越小，表明格局变异的空间依赖性越强；当 $H=0$ 时，FD＝2，表明变异函数为纯块金效应，变量不存在空间相关性（Carr et al.，1991；Eghball et al.，1999；刘付程等，2004；常栋等，2012；陈涛等，2013a；范夫静等，2014）。

$$FD=2-H, H=\frac{1}{2}\log\gamma(h) \propto \log h \qquad (2-8)$$

式中，H 为 $\log\gamma(h) \propto \log h$ 在尺度 h 范围内线性回归的直线斜率，取值范围是 $[0，1]$。

2.3.5　空间插值方法

已有研究表明，高密度采样数据下，各插值方法的估值精度差异不大；已有的大区域尺度土壤养分空间特征研究中也广泛应用克里格插值法。本研究土壤采样密度高，样点数据丰富、代表性强，且 75% 左右的样点集中于平原区。以有机质为例，在普通克里格法下，地貌分区插值的精度与关中地区整体插值的精度差异不大，甚至在区南部的秦岭山区与关中平原过渡区，分区插值精度不及整体插值精度；此外，分区插值使得地貌界线处存在"边缘效应"，不利于辨识土壤养分的空间分布规律。从样点分布特征、插值精度及插值的"边缘效应"看，全区整体插值效果较好。

本研究采用普通克里格法进行关中地区土壤养分空间插值；以地形因子为辅助变量的协同克里格法进行该区降水、积温等气候因素的空间插值；以有机质为辅助变量的协同克里格法进行县域土壤全氮的空间插值研究。

克里格插值法是一种无偏线性最优估值方法，其中普通克里格法在众多文献中已有详细的介绍，本书不再累述。协同克里格法是普通克里格的单个区域化变量向多个区域化变量的扩展形式，应用同一现象多种属性间存在相关关系，且主变量属性不易获取，借助易获取的、稳定的辅助变量属性，将主变量的自相关性和主辅变量的交互相关性结合起来进行无偏最优估值（王政权，1999；李艳等，2004；庞夙等，2009；刘爱利等，2010）。本研究中的协同克里格法的基础是基于 2 个变量的交互半方差函数，其计算公式如下：

$$z^*(x_0) = \sum_{i=1}^{n} \lambda_{1i} z_1(x_i) + \sum_{j=1}^{p} \lambda_{2j} z_2(x_j) \tag{2-9}$$

式中，$z^*(x_0)$ 是待估测点 x_0 处的估测值；$z_1(x_i)$ 和 $z_2(x_j)$ 分别是主变量和辅助变量的实测值；λ_{1i} 和 λ_{2j} 分别是分配给主变量 z_1 和辅变量 z_2 的实测值的权重，且 $\sum \lambda_{1i} = 1$，$\sum \lambda_{2j} = 0$；n 和 p 是参与 x_0 点估测的主变量 z_1 和辅变量 z_2 的实测值数量。

本研究采用独立数据集验证法进行空间插值精度的检验，其是估计空间不确定性更为直接和独立的方法（史文娇等，2012）。具体步骤为：①采用随机抽样法将样点数据集分成训练样本集和验证样本集；②用训练样本集的值对验证样本集的值进行预测；③比较验证样本集每个点的预测值和实测值。

2.3.6 土壤养分肥力评价方法

本研究的土壤养分肥力评价研究，遵循最小数据集原则，在模糊数学综合评判法的基础上进行拓展研究。以模糊数学中的加乘法原则为原理，利用各项参评指标的权重值及其对应的隶属度值，计算土壤养分综合肥力指数。过程中，采用特尔菲法对各参评指标的实测值评估出相应的隶属度，构建隶属函数，计算各参评指标的隶属度；分别采用判断矩阵和相关系数法确定参评指标的权重值；以产量相关法来选取最优的评价体系，检验评价结果。

2.3.7 土壤养分分级标准

20 世纪 80 年代数据资料十分有限，为提高 2 期（20 世纪 80 年代和 21 世纪 10 年代）数据的可比性，本研究统一采用 20 世纪 80 年代陕西省第二次土壤普查时期土壤养分含量分级标准（表 2-1），进行空间等级变化分析。

表 2-1 陕西省第二次土壤普查土壤养分含量分级标准

指标	分级							
	1	2	3	4	5	6	7	8
有机质（OM）	> 40	30 ~ 40	20 ~ 30	15 ~ 20	12 ~ 15	10 ~ 12	8 ~ 10	6 ~ 8
全氮（TN）	> 2.0	1.50 ~ 2.0	1.50 ~ 1.25	1.0 ~ 1.25	0.75 ~ 1.0	0.5 ~ 0.75	< 0.5	—
速效氮（AN）	> 150	120 ~ 150	90 ~ 120	60 ~ 90	45 ~ 60	30 ~ 45	20 ~ 30	< 20
有效磷（AP）	> 40	30 ~ 40	20 ~ 30	15 ~ 20	10 ~ 15	5 ~ 10	3 ~ 5	< 3
速效钾（AK）	> 200	150 ~ 200	120 ~ 150	100 ~ 120	70 ~ 100	50 ~ 70	30 ~ 50	< 30

续表

指标	分级							
	1	2	3	4	5	6	7	8
有效铁（Fe）	< 2.5	2.5~4.5	4.5~10	10~20	> 20	—	—	—
有效锰（Mn）	< 1.0	1.0~5.0	5.0~15	15~30	> 30	—	—	—
有效锌（Zn）	<0.3	0.3~0.5	0.5~1.0	1.0~3.0	> 3.0	—	—	—
有效铜（Cu）	< 0.1	0.1~0.2	0.2~1.0	1.0~1.8	> 1.8	—	—	—

注：土壤有机质与全氮含量单位为 g/kg；其余养分含量单位为 mg/kg。

2.3.8 软件平台

SPSS 20：基本统计特征，正态分布性检验，单因素方差分析和相关性分析。

Minitab15：选取最优正态分布拟合参数。

GS+ 9.0：分析、构建最优半方差理论模型及其参数，绘制半方差函数图。

ArcGIS 10.2：将样点数据标准化；进行 Box-Cox 数据变换；在"地统计分析"模块中进克里格插值（普通克里格和协同克里格），实现养分值由点到面；"空间分析"模块中计算空间自相关性（全局 Moran's I），栅格运算，计算距离，量化等级面积等；"3D 分析"模块中建立数字地面模型（DEM），提取地形因子，栅格重分类操作等。

2.4 基础数据来源与精度

2.4.1 基础数据与资料

整理与归纳收集的数字及文本资料，构建属性数据库；矢量化图件资料、标准化空间数据，构建空间数据库。将 20 世纪 80 年代珍贵的历史数据和 21 世纪 10 年代数据整合，为区域土壤长时间序列的研究提供便利。

2.4.1.1 属性数据来源

1) 20 世纪 80 年代第二次土壤普查数据：该数据集资料系 1978~1987 年的调查和统计数据，土壤采样截至 1985 年。由原所属各县（区）、地级市及陕西省土肥所、西北水保所（现为西北农林科技大学水土保持研究系）承担化验。

2) 土壤属性资料：《陕西土种志》《陕西土壤》；《西安土壤》《铜川土壤》

《宝鸡土壤》《渭南土壤》《咸阳土壤》；《长安区土壤》《蒲城土壤》《蓝田土壤》《武功土壤》《扶风土壤》《永寿土壤》《千阳土壤》《白水土壤》《乾县土壤》《宝鸡县土壤》《眉县土壤》《澄城土壤》《彬县土壤》等；《三原土地资源》《麟游土地资源》《韩城土地资源》《大荔土地资源》等。

3）农业生产资料数据，包括田间调查、统计年鉴和地图册三类。

田间调查：2009~2011 年陕西省耕地地力调查与质量评价项目和测土配方施肥项目中的代表性地块及农户调查数据。

统计年鉴：《陕西省统计年鉴》（1978~2013 年）；西安市、铜川市、宝鸡市、渭南市、咸阳市等地级市的市级行政单位统计年鉴；长安区、户县、周至县、蒲城县、合阳县、永寿县、兴平市、韩城市等县级的市级行政单位统计年鉴。

地图册：《陕西农业地图册》（20 世纪 80 年代），《陕西省地图册》（2009 年）。

2.4.1.2　空间数据来源

1）DEM 数据：ASTER GDEM 30 m 分辨率数字高程数据（2009 年）。该数据来源于中国科学院计算机网络信息中心国际科学数据镜像网站（http://datamirror. csdb. cn）。

2）气象数据：近 50 年陕西省气象站点数据，含年降水量、平均温度、积温、无霜期、日照时数等（内部资料）。

3）土地利用数据：1∶5 万县级单位土地利用现状图（内部资料），拼接成关中地区耕地分布图。

4）1∶25 万陕西省土地利用现状图（2005 年）数据来源于国家自然科学基金委员会"中国西部环境与生态科学数据中心"（http://westdc. westgis. ac. cn）。

5）土壤图：1∶5 万县级单位土壤图和 1∶50 万陕西省土壤图（内部资料）。

6）行政区划图：1∶5 万县级行政区划图（1∶5 万 DLG 数据库数据提取）；1∶10 万陕西省行政区划图（20 世纪 80 年代）（内部资料）。

7）20 世纪 80 年代第二次土壤普查时期的土壤养分等级图（内部资料）。

2.4.2　数学基础

大地坐标系统：采用中国 2008 年全面启动的最新的 2000 国家大地坐标系（China Geodetic Coordinate System 2000，CGCS2000），1985 国家高程基准。

2000 国家大地坐标系（CGCS2000）：原点为包括海洋和大气的整个地球的

质量中心；Z 轴指向 BIH（国际时间局）1984.0 定义的协议极地方向；X 轴指向 BIH1984.0 定义的零子午面与协议赤道（历元 2000.0）的交点，Y 轴按右手坐标系确定（耿晓燕，2010）。

投影坐标系统：采用双标准纬线等面积圆锥投影，即保持面积不变形、两条标准纬线上不变形的圆锥投影。为更好更准确地衔接、比较与分析省级（陕西省）科研成果，本研究统一采用 2011 年发布的《陕西基本地理省情》中的相应投影坐标参数即中央经线为东经 108°，双标准纬线分别为北纬 33° 和北纬 38°。

2.4.3　数据精度

1）本研究以《陕西基本地理省情》（陕西省地理国省（情）监测工作领导小组办公室，2011）中地理位置及其属性为参考标准，高程精度为分米级，相差不到 2 m，关中地区区域总面积相差不到 2%，县域行政区划面积相差不到 3%，地貌类型区面积相差不到 1.5%。

2）20 世纪 80 年代土壤养分数据检验。通过充分查阅、收集和整理 20 世纪 80 年代第二次土壤普查时期的数据记录信息，在省级、地市级和县级行政单位的《土种志》《土壤》《土地资源调查》等资料集中共获取关中地区耕地土壤剖面点 512 个，以此为检验数据集，检验 20 世纪 80 年代土壤养分等级图，等级准确率为 95.51%。

将县级行政单位土壤资料集中记录的县域耕地土壤养分统计特征与 20 世纪 80 年代第二次土壤普查数据集中对应的统计数据进行对比分析，二者统计特征基本一致，县域土壤养分平均值达到极显著的相关性（$P<0.01$），相关系数在 0.90 以上。

第3章 土壤养分的合理采样数量研究

3.1 引 言

土壤采样是估测区域土壤特性统计参数和空间变异性的重要方式，其采样方式及其数量是空间插值精度的重要保障（潘瑜春等，2010；赵倩倩等，2012；柴旭荣和黄元仿，2013）。土壤采样费时费力，样品分析成本较高，土壤采样的合理数量和位置是决定采样成本和估测精度的关键因素。一般而言，采样数量越丰富、采样密度越高，代表性越强，估测精度也越高，结果越真实，但采样分析成本随之提高，故需要在采样成本与估测精度之间寻找一个结合点。因此，科学合理的确定土壤采样数量具有重要意义。目前，合理采样数量的研究方法多集中在基于经典统计学中标准差、变异系数等参数计算的合理数量；或者，通过比较分析不同采样密度下的土壤属性空间插值预测结果来确定其适宜的采样数量。相关研究结果表明，采样数量显著影响土壤属性空间分布预测的精度；大多数土壤养分的合理采样数量较实际采样数量有较大幅度减少，意味着可大幅度降低采样及分析成本；Cochran 方法获取的采样数量明显偏低，易导致土壤属性空间预测不准确，增大预测误差和不确定性（余新晓等，2010；谢宝妮等，2011；赵倩倩等，2012；张贝尔等，2013）。但目前的研究中涉及采样数量对土壤养分空间变异性特征的影响研究不多，研究的对象多限于土壤有机质、全氮等指标，且研究的区域尺度多集中于田块、县域尺度（姚荣江等，2006；潘瑜春等，2010；赵倩倩等，2012；姜怀龙等，2012；齐雁冰等，2014），缺乏大、中尺度区域的应用研究。

本书以陕西省关中平原为研究对象，利用高密度土壤养分采样数据，采用经典统计学、数理统计学及地统计学法结合 GIS 技术平台，通过随机抽取生成不同采样数量系列下的样点数据集，研究采样数量（间距）对关中平原耕地土壤养分统计参数估测、空间变异性特征和地统计空间插值精度的影响，系统探讨关中平原耕地土壤养分的合理采样数量，为区域耕地土壤采样设计、科学研究与利用管理提供理论依据，为采样尺度对 Kriging 分析结果的不确定分析提供基础。

3.2　研究区概况

关中平原又称渭河平原或关中盆地，古称"八百里秦川"，位于陕西省中部，夹持于陕北高原与秦岭山脉之间，为一个三面环山、向东敞开的河谷盆地。地理位置在东经 106°42′27″~108°53′08″，北纬 34°01′20″~34°52′55″，东西长约 360 km²，南北宽度不一，西安市以东最宽处达 100 km，西安市以西至宝鸡市逐渐闭合呈峡谷。该区辖关中地区 5 个地级市的 32 个县级行政单位，总面积为 2.33×10⁴km²，占关中地区总面积的 41.97%。属喜马拉雅运动时期形成的巨型断陷带，地势西高东低，海拔高度为 323~900 m，平均海拔 546 m，平均起伏度为20 m，坡度多集中于 3° 以下；渭河流经中部，形成两岸宽广的阶地平原，地貌类型主要是阶梯状的河流阶地与黄土台塬，渭河南北两侧地貌变化规律为河漫滩–河流阶地–阶梯状黄土台塬–山前洪积扇。土壤类型主要是在原来的自然褐土上经人工堆积熟化形成的农业土壤–壤土，伴随着渭河两侧地貌变化还依次分布着新积土—潮土—壤土—黄绵土。土地利用类型主要是耕地和建设用地，其中耕地占 70%，耕地面积约占关中地区耕地总面积的 75%。关中平原自古农业发达，水、热条件充足，农事活动频繁，盛产小麦、玉米等农作物，内含陕西省 26 个产粮基地县，是陕西省乃至中国的重要商品粮产区和建设地区。

3.3　研究方法

3.3.1　合理采样数量的确定方法

利用 ArcGIS10 下的"Create Subsets"功能将各土壤养分指标的原始数据集 A 数据随机划分为 2 部分，即训练样本集（90%）A_0 和验证样本集（10%）B_0。继而，从训练样本 A_0 中随机抽取 80% 的样点作为数据集 A_1，继续从 A_1 中随机抽取 80% 作为数据集 A_2，…，A_n，依次类推，分别获取各土壤养分指标的 17 组不同采样密度的样点数据集。探讨与分析随样点数量减少、采样间距的增大，各土壤养分指标的空间结构特征（半方差模型拟合效果、块金系数、空间相关距、分维数和空间自相关性等）和 Kriging 插值精度的变化，进而确定其各自的合理采样数量。

3.3.2 空间插值精度分析

因取样数量发生变化时，样点间相对空间位置及其所承载的信息量均发生变化，为提高不同取样系列下插值精度的可比性与科学性，本研究采用同一独立数据集即 B_0 验证法来评价各土壤养分在不同样本数量系列下的插值效果。独立数据集验证法中因验证点是随机分布于研究区内，是一种直接估计空间不确定性的更独立的方法，其可较好的避免交叉验证法的缺点（Isaaks and Srivastava，1989；Triantafilis et al.，2001；Shi et al.，2009；史文娇等，2011；赵倩倩等，2012）。结合同类研究（姜怀龙等，2012；赵倩倩等，2012；张贝尔等，2013），本研究选用均方根误差（RMSE）、平均标准误差（ASE）和验证点的估测值与实测值间的相关系数（R）3 项精度指标来评价空间插值效果，即 RMSE 越小、RMSE 与 ASE 越接近、相关系数 R 越大，插值精度越高。

3.3.3 Cochran 最佳采样数法

Cochran 法（Cochran，1977）是针对于区域纯随机取样而构造的最佳采样数量法，其计算公式如下：

$$n = (t \times S)^2 / d^2 \qquad (3-1)$$

式中，n 为最佳采样数；t 为与显著度相对应的 t 氏分布值；S 为样本的标准差；d 为样本平均值与允许的相对误差（%）的乘积。

3.3.4 采样间距（尺度）计算

同一研究区域，采样数量的变化可在一定程度上反映采样密度、间距（尺度）的变化。目前有关土壤采样间距（尺度）的计算普遍应用的是 Blöschl 公式（Blöschl，1999；王志刚等，2010；赵倩倩等，2012；张贝尔等，2013；陈涛等，2013b）。Blöschl 公式如下：

$$D = \sqrt{A/N} \qquad (3-2)$$

式中，D 为采样间距（尺度）；A 为研究区面积，本研究中 A 为关中平原面积即 23 278 km^2；N 为各样本集中样本数量。

本研究中各土壤养分指标在不同样本集中的采样间距计算结果如表 3-1 所示。由此可见，采样间距（尺度）实则是对采样数量进行幂函数变换，两者间呈极显著相关性（$P<0.01$）。

表 3-1　利用 Blöschl 公式法计算的不同样本集中的采样间距

样本集	有机质（OM）		速效氮（AN）		有效磷（AP）		速效钾（AK）	
	N	D	N	D	N	D	N	D
A	49 755	684	45 931	712	48 363	694	48 096	696
A_0	44 779	721	41 337	750	43 526	731	43 286	733
A_1	35 823	806	33 069	839	34 820	818	34 628	820
A_2	28 658	901	26 455	938	27 856	914	27 702	917
A_3	22 926	1 008	21 164	1 049	22 284	1 022	22 161	1 025
A_4	18 340	1 127	16 931	1 173	17 827	1 143	17 728	1 146
A_5	14 672	1 260	13 544	1 311	14 261	1 278	14 182	1 281
A_6	11 737	1 408	10 835	1 466	11 408	1 428	11 345	1 432
A_7	9 389	1 575	8 668	1 639	9 126	1 597	9 076	1 601
A_8	7 511	1 760	6 934	1 832	7 300	1 786	7 260	1 791
A_9	6 008	1 968	5 547	2 049	5 840	1 996	5 808	2 002
A_{10}	4 806	2 201	4 437	2 290	4 672	2 232	4 646	2 238
A_{11}	3 844	2 461	3 549	2 561	3 737	2 496	3 716	2 503
A_{12}	3 075	2 751	2 839	2 863	2 989	2 791	2 972	2 799
A_{13}	2 460	3 076	2 271	3 202	2 391	3 120	2 377	3 129
A_{14}	1 968	3 439	1 816	3 580	1 912	3 489	1 901	3 499
A_{15}	1 574	3 846	1 452	4 004	1 529	3 902	1 520	3 913
A_{16}	1 259	4 300	1 161	4 478	1 223	4 363	1 216	4 375

注：N，各样本集中样本数量；D，依据 Blöschl 公式法计算所得的采样间距，单位 m。下同。

3.4　结果与分析

3.4.1　不同采样数量下土壤养分的基本统计特征

　　由表 3-2 和图 3-1 可知，以原始数据集 A 为参照，随着样本集 $A_0 \sim A_{16}$ 中采样数量的减少、采样间距的增大，4 种耕地土壤养分指标的含量极值均在缩小，表现出极小值增大、极大值减小的趋势；平均值方面，总体上土壤有机质和速效钾在原始平均值的上下波动，土壤速效氮和有效磷则呈明显的下降趋势；变异系数均属"中等"变异强度，系数值由大到小依次为有效磷>速效氮>速效钾>有机质，与以往研究结果基本一致（赵倩倩等，2012；赵业婷等，2012；李志鹏等，

表 3-2 关中平原耕地土壤养分指标在不同取样系列下的基本统计特征

样本集	有机质(OM)(g/kg)				速效氮(AN)(mg/kg)				有效磷(AP)(mg/kg)				速效钾(AK)(mg/kg)			
	含量	M	SD	CV	含量	M	SD	CV	含量	M	SD	CV	含量	M	SD	CV
A	3.0~50.6	15.08	4.53	30.06	10.0~203	70.86	28.98	40.89	2.0~87.4	22.68	12.29	54.20	30~480	170.98	60.96	35.65
A_0	3.0~50.6	15.08	4.52	29.98	10.0~203	70.88	28.98	40.89	2.0~87.4	22.65	12.26	54.14	30~480	171.00	61.02	35.69
B_0	3.0~47.6	15.08	4.64	30.78	10.0~202	70.66	28.92	40.93	2.1~79.8	22.98	12.56	54.64	40~480	170.81	60.38	35.35
A_1	3.0~50.6	15.09	4.52	29.97	10.1~203	70.85	28.93	40.83	2.0~87.4	22.63	12.23	54.05	30~480	170.89	61.04	35.72
A_2	3.0~50.6	15.09	4.52	29.98	10.1~203	70.84	28.95	40.87	2.0~87.3	22.62	12.24	54.08	30~480	171.09	61.35	35.86
A_3	3.3~49.8	15.09	4.52	29.98	10.1~203	70.88	28.92	40.80	2.0~87.3	22.52	12.15	53.98	30~480	170.99	61.17	35.77
A_4	3.3~48.7	15.11	4.54	30.08	10.1~203	70.88	28.99	40.90	2.0~87.3	22.40	12.15	54.25	30~479	170.77	60.80	35.60
A_5	3.3~48.7	15.13	4.55	30.05	10.1~203	70.99	29.14	41.04	2.0~87.3	22.32	12.08	54.11	30~479	170.93	61.25	35.83
A_6	3.6~48.7	15.10	4.55	30.14	10.1~203	70.91	28.95	40.83	2.0~87.3	22.30	12.07	54.13	31~479	170.88	61.19	35.81
A_7	3.6~48.7	15.13	4.53	29.97	10.1~203	70.80	29.20	41.24	2.0~87.3	22.39	12.06	53.89	31~479	170.98	61.21	35.80
A_8	3.7~47.6	15.13	4.54	29.98	10.1~203	70.57	29.27	41.47	2.0~87.3	22.33	12.06	54.00	31~477	170.69	61.01	35.74
A_9	3.7~47.6	15.10	4.49	29.75	10.1~201	70.52	29.27	41.50	2.1~87.3	22.36	11.98	53.59	31~477	171.09	61.42	35.90
A_{10}	3.7~46.0	15.06	4.47	29.71	10.1~201	70.37	29.55	42.00	2.1~87.3	22.29	11.92	53.47	31~470	171.37	61.26	35.75
A_{11}	3.7~46.0	15.03	4.48	29.83	10.1~201	70.54	29.59	41.95	2.1~77.2	22.23	11.83	53.20	31~466	171.69	60.76	35.39
A_{12}	3.7~46.0	15.05	4.53	30.10	10.1~201	70.29	29.63	42.15	2.1~74.9	22.19	11.68	52.62	31~466	171.68	60.54	35.26
A_{13}	3.7~46.0	15.08	4.55	30.20	10.1~201	70.52	29.96	42.48	2.1~72.8	21.93	11.58	52.78	31~466	171.49	60.71	35.40
A_{14}	4.2~46.0	15.07	4.65	30.83	10.1~201	70.93	30.26	42.66	2.5~72.8	21.93	11.37	51.87	46~466	171.38	60.54	35.33
A_{15}	4.3~46.0	15.11	4.69	31.07	10.1~199	70.27	29.92	42.57	2.5~71.9	21.81	11.38	52.18	50~460	170.22	59.77	35.11
A_{16}	4.3~45.9	15.07	4.67	30.97	10.1~199	70.37	30.13	42.81	2.5~71.9	21.64	11.26	52.02	50~460	171.34	60.08	35.06

注:A_0 表示关中平原各耕地土壤养分指标原始数据集;A_0 中随机抽取90%的训练样本;A_1、A_1 从数据集 A_0 中随机抽取80%的样点作为数据集 A_1;A_2,从数据集 A_1 中随机抽取80%的样点作为数据集 A_2;依次类推,即数据集 A_n 是从数据集 A_{n-1} 中随机抽取80%的样点数数据。M 表示平均含量;CV 表示变异系数(%),SD 表示标准差。下同。

2013；邹青等，2013），且其与采样间距 D 间相关关系强，总体上土壤有机质和速效氮的变异系数呈增大趋势，土壤有效磷和速效钾呈下降趋势。

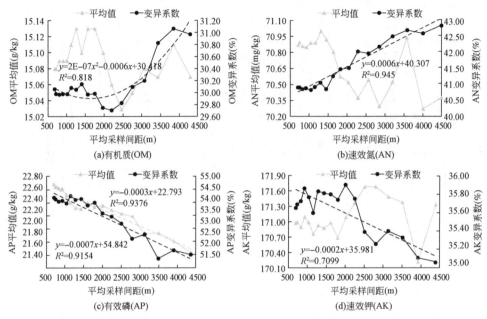

图 3-1　不同取样系列下耕地土壤养分指标的平均值和变异系数与采样间距的关系

由表 3-3 可知，各样本集中的土壤养分原始数据均存在偏斜效应，不符合正态分布，不满足直接进行空间统计学分析的条件，通过 Box-Cox 变化后，各养分数据的偏度和峰度数值明显降低，偏度更接近于 0，峰度更接近于 3，经 K-S 检验，符合或近似符合正态分布。此外，独立验证集 B_0 中各土壤养分的统计特征与其对应的原始数据集 A 中的统计特征较为接近，表明该样本集具有较好的代表性。

耕地土壤有机质在 $A_0 \sim A_{16}$ 取样系列间的基本统计特征变化不大。有机质平均值为 15.03 ~ 15.13 g/kg，均处于陕西省土壤有机质分级标准的第 4 级即 15 ~ 20 g/kg，变幅为 -0.33% ~ 0.07%；标准差为 4.47 ~ 4.69 g/kg，变幅为 -0.26% ~ 3.56%；变异系数 29.71% ~ 31.07%，变化量在 2 个百分点内。由图 3-1（a）可知，随采样数量的减少、采样间距的增大，土壤有机质平均含量在样本集 A_9 前呈增加趋势而后开始骤减；变异系数整体呈增加趋势，其在样本集 $A_0 \sim A_8$ 中相对平稳，而后呈先降后增趋势，低值点存在于样本集 A_{10}。相对而言，有机质统计特征值在采样集 A_{10} 后波动较大，样本集 A_{13} 后变化明显。

表 3-3　关中平原耕地土壤不同取样系列下的养分含量及其变换后的数据分布特征

样本集	有机质（OM）(g/kg)				速效氮（AN）(mg/kg)				有效磷（AP）(mg/kg)				速效钾（AK）(mg/kg)			
	偏度	峰度	偏度*	峰度*	偏度	峰度	偏度*	峰度*	偏度	峰度	偏度*	峰度*	偏度	峰度	偏度*	峰度*
A	1.09	6.42	-0.01	3.89	0.78	4.17	0.03	3.23	1.03	4.27	-0.04	2.78	0.86	4.32	-0.07	3.29
A_0	1.09	6.44	0.04	3.88	0.78	4.16	0.02	3.22	1.03	4.27	-0.06	2.78	0.86	4.32	-0.07	3.29
A_1	1.11	6.59	0.04	3.89	0.77	4.12	0.02	3.20	1.03	4.27	-0.06	2.79	0.87	4.36	-0.07	3.30
A_2	1.12	6.68	0.00	3.89	0.77	4.14	0.02	3.22	1.03	4.26	-0.06	2.79	0.88	4.27	-0.07	3.31
A_3	1.12	6.64	0.00	3.89	0.76	4.11	0.04	3.21	1.02	4.26	-0.05	2.79	0.87	4.35	-0.07	3.30
A_4	1.11	6.58	0.08	3.90	0.76	4.11	0.04	3.21	1.04	4.33	-0.03	2.79	0.87	4.38	-0.08	3.31
A_5	1.10	6.51	0.07	3.89	0.78	4.15	0.02	3.22	1.05	4.37	-0.03	2.80	0.89	4.41	-0.07	3.31
A_6	1.14	6.69	0.08	3.85	0.79	4.22	0.03	3.27	1.05	4.41	-0.03	2.82	0.91	4.50	-0.09	3.34
A_7	1.07	6.27	0.20	3.90	0.81	4.24	0.04	3.26	1.04	4.39	-0.03	2.82	0.89	4.46	-0.10	3.32
A_8	1.06	6.17	0.22	3.89	0.81	4.26	0.02	3.25	1.06	4.50	-0.01	2.83	0.87	4.35	-0.08	3.29
A_9	0.98	5.70	0.17	3.72	0.81	4.28	0.02	3.24	1.02	4.29	-0.02	2.79	0.85	4.32	-0.07	3.28
A_{10}	1.02	5.78	0.24	3.80	0.83	4.35	0.07	3.27	1.03	4.38	-0.01	2.80	0.86	4.27	-0.05	3.26
A_{11}	1.05	6.03	0.14	3.72	0.85	4.37	0.09	3.29	1.00	4.20	-0.02	2.79	0.82	4.14	-0.05	3.25
A_{12}	1.12	6.39	0.12	3.74	0.89	4.50	0.09	3.34	0.98	4.14	0.00	2.79	0.85	4.24	-0.03	3.32
A_{13}	1.14	6.70	0.14	3.86	0.88	4.41	0.08	3.29	1.01	4.21	0.02	2.79	0.88	4.35	-0.05	3.35
A_{14}	1.18	6.95	0.15	3.84	0.88	4.41	0.08	3.31	0.99	4.19	0.00	2.78	0.93	4.54	-0.05	3.23
A_{15}	1.27	7.34	0.15	3.82	0.85	4.27	0.06	3.24	0.93	3.97	-0.02	2.735	0.94	4.56	-0.05	3.22
A_{16}	1.18	6.78	0.15	3.71	0.88	4.32	0.06	3.26	0.94	4.00	-0.02	2.74	0.98	4.69	-0.06	3.27

注：偏度*，峰度*分别表示经 Box-Cox 数据变换后符合或基本符合正态分布的偏度、峰度参数值。

耕地土壤速效氮在 $A_0 \sim A_{16}$ 取样系列间的平均值为 70.29 ~ 70.93 mg/kg，均处于陕西省土壤速效氮分级标准的第 4 级即 60 ~ 90 mg/kg，变幅为 -0.80% ~ 0.03%；标准差为 28.92 ~ 30.13 mg/kg，变幅为 -0.19% ~ 4.43%；变异系数为 40.80% ~ 42.81%。由图 3-1（b）可知，土壤速效氮的平均值与采样间距 D 间具有极显著的负线性相关性（$R = -0.707$，$P < 0.01$）；标准差和变异系数与采样间距 D 间具有极显著的正线性相关性（$R_{sd} = 0.960$，$R_{cv} = 0.973$，$P < 0.01$），表明速效氮含量的变异性随采样间距的增大而增强，含量呈离散趋势，此与潘瑜春（2010）、王金国（2011）和陈涛（2013）等学者对土壤全氮的研究结果相似，可能是区内氮肥的培肥管理不同导致其变异性较大。相对而言，土壤速效氮的统计特征值在样本集 $A_0 \sim A_7$ 间相对平稳，样本集 A_7 后波动较大，样本集 A_{13} 后变化明显。

耕地土壤有效磷在 $A_0 \sim A_{16}$ 取样系列间的基本统计特征变化规律性较强。土壤有效磷平均值为 21.64 ~ 22.65 mg/kg，均处于陕西省土壤有效磷分级标准的第 3 级即 20 ~ 30 mg/kg，变幅为 -0.13% ~ -4.59%；标准差为 11.26 ~ 12.26 mg/kg，变幅为 -0.25% ~ -8.41%；变异系数为 52.02 ~ 54.14%。结合图 6-1（c）可知，土壤有效磷的平均值与采样间距 D 间具有极显著的负线性相关性（$R = -0.968$，$P < 0.01$）；标准差和变异系数与采样间距 D 间具有极显著的负线性相关性（$R_{sd} = -0.989$，$R_{cv} = -0.957$，$p < 0.01$），表明土壤有效磷含量随采样数量的减少、采样间距的增大趋于集中，也映衬出其局部变异性较强的特征。相较之下，土壤有效磷的统计特征值在样本集 $A_0 \sim A_8$ 间相对平稳，样本集 A_9 起波动相对较大，样本集 A_{12} 后变异明显。

耕地土壤速效钾在 $A_0 \sim A_{16}$ 取样系列间的平均值为 170.22 ~ 171.69 mg/kg，均处于陕西省土壤速效钾分级标准的第 2 级即 150 ~ 200 mg/kg，变幅为 -0.17% ~ 0.42%；标准差为 59.77 ~ 61.42 mg/kg，变幅为 -1.96% ~ 0.75%；变异系数为 35.06% ~ 35.83%。结合图 3-1（d）可知，土壤速效钾的平均值随采样间距 D 的变化规律不明显，在样本集 $A_0 \sim A_8$ 间呈微小波动，其后波动较大；标准差和变异系数与采样间距 D 具有极显著的负线性相关性（$R_{sd} = -0.787$，$R_{cv} = -0.843$，$P < 0.01$），表明土壤速效钾含量随采样数量的减少、采样间距的增大趋于集中，在样本集 A_{10} 前变异系数呈微幅波动，其后变异系数呈明显下降趋势。相较之下，土壤速效钾的统计特征值在样本集 $A_0 \sim A_{10}$ 间相对平稳，样本集 A_{10} 后波动较大。

3.4.2 土壤养分空间结构特征对采样间距的响应

基本统计参数仅能反映土壤养分数据随采样数量、采样间距变化的总体情况，而不能有效揭示其空间结构性的变化规律。因此，采用空间统计方法，将空间半方差结构、分维数和空间自相关分析相结合来研究关中平原土壤养分的空间结构特征对采样间距的响应，结果如表 3-4 ~ 表 3-7 和图 3-2 所示。

表 3-4　关中平原不同样本集中耕地土壤有机质的半方差函数、分维数及全局 Moran's I

样本集	模型 1	变程（km）	块金值 C_0	块金系数 $C_0/(C_0+C)$	RSS	R^2	分维数	Moran's I	Z
A	E	60	0.161	0.666	2.95×10^{-5}	0.994	1.942	0.30	334.85
A_0	E	60	0.187	0.666	4.42×10^{-5}	0.993	1.942	0.30	300.58
A_1	E	60	0.188	0.669	3.76×10^{-5}	0.994	1.942	0.27	283.97
A_2	E	60	0.153	0.672	2.50×10^{-5}	0.994	1.943	0.27	219.93
A_3	E	60	0.151	0.666	2.74×10^{-5}	0.994	1.942	0.26	188.10
A_4	E	60	0.220	0.665	9.11×10^{-5}	0.990	1.942	0.26	155.20
A_5	E	60	0.209	0.663	7.27×10^{-5}	0.991	1.942	0.26	119.28
A_6	E	60	0.189	0.670	5.13×10^{-5}	0.992	1.943	0.25	88.40
A_7	E	60	0.379	0.666	1.59×10^{-4}	0.994	1.942	0.24	76.42
A_8	E	60	0.402	0.669	2.46×10^{-4}	0.992	1.943	0.23	59.29
A_9	E	60	0.365	0.677	1.45×10^{-4}	0.994	1.944	0.22	50.97
A_{10}	E	60	0.455	0.694	3.78×10^{-4}	0.987	1.948	0.21	38.45
A_{11}	E	59	0.267	0.695	2.43×10^{-4}	0.976	1.948	0.22	31.59
A_{12}	E	48	0.206	0.730	1.39×10^{-4}	0.968	1.955	0.23	32.57
A_{13}	E	48	0.269	0.769	2.55×10^{-4}	0.949	1.963	0.21	29.62
A_{14}	E	48	0.283	0.793	5.49×10^{-4}	0.885	1.967	0.20	22.72
A_{15}	E	48	0.213	0.775	5.31×10^{-4}	0.842	1.964	0.21	19.42
A_{16}	E	48	0.230	0.764	5.47×10^{-4}	0.872	1.962	0.19	14.39

表 3-5　关中平原不同样本集中耕地土壤速效氮的半方差函数、分维数及全局 Moran's I

样本集	模型	变程（km）	块金值 C_0	块金系数 $C_0/(C_0+C)$	RSS	R^2	分维数	Moran's I	Z
A	E	33.88	4.621	0.519	2.01×10^{-2}	0.998	1.916	0.46	509.49
A_0	E	34.20	4.230	0.519	2.06×10^{-2}	0.998	1.915	0.45	501.30
A_1	E	37.30	4.370	0.535	2.07×10^{-2}	0.998	1.916	0.44	471.29
A_2	E	34.70	4.260	0.524	2.15×10^{-2}	0.998	1.916	0.43	386.56
A_3	E	38.00	5.060	0.524	2.49×10^{-2}	0.998	1.914	0.43	329.50

续表

样本集	模型	变程 (km)	块金值 C_0	块金系数 $C_0/(C_0+C)$	RSS	R^2	分维数	Moran's I	Z
A_4	E	39.30	5.110	0.524	4.16×10^{-2}	0.997	1.913	0.42	301.08
A_5	E	41.40	4.420	0.529	3.20×10^{-2}	0.997	1.913	0.44	215.94
A_6	E	40.60	4.730	0.527	3.57×10^{-2}	0.997	1.913	0.43	170.88
A_7	E	44.60	4.430	0.529	4.80×10^{-2}	0.996	1.912	0.43	153.24
A_8	E	46.30	4.090	0.521	5.05×10^{-2}	0.995	1.910	0.43	140.04
A_9	E	44.50	4.040	0.517	6.02×10^{-2}	0.994	1.909	0.42	111.37
A_{10}	E	45.81	5.120	0.498	1.65×10^{-1}	0.992	1.905	0.41	111.90
A_{11}	E	46.11	5.100	0.500	1.12×10^{-1}	0.994	1.905	0.42	80.62
A_{12}	E	47.82	4.670	0.496	1.45×10^{-1}	0.991	1.903	0.41	79.08
A_{13}	E	47.46	4.190	0.475	1.23×10^{-1}	0.992	1.897	0.45	69.30
A_{14}	E	47.88	4.260	0.478	1.42×10^{-1}	0.991	1.898	0.45	55.60
A_{15}	E	69.30	4.340	0.449	2.40×10^{-1}	0.989	1.891	0.47	48.96
A_{16}	E	76.80	3.880	0.467	2.23×10^{-1}	0.985	1.896	0.46	41.09

表3-6 关中平原不同样本集中耕地土壤有效磷的半方差函数、分维数及全局 Moran's I

样本集	模型	变程 (km)	块金值 C_0	块金系数 $C_0/(C_0+C)$	RSS	R^2	分维数	Moran's I	Z
A	E	41.50	0.893	0.684	2.79×10^{-4}	0.998	1.949	0.33	362.35
A_0	E	41.65	0.840	0.685	3.00×10^{-4}	0.997	1.949	0.33	324.66
A_1	E	42.00	0.835	0.684	2.68×10^{-4}	0.997	1.949	0.32	345.37
A_2	E	42.20	0.844	0.691	2.63×10^{-4}	0.998	1.947	0.32	275.69
A_3	E	41.40	0.891	0.696	3.57×10^{-4}	0.997	1.949	0.32	223.77
A_4	E	40.10	0.946	0.697	4.75×10^{-4}	0.996	1.949	0.33	178.27
A_5	E	40.20	0.925	0.688	3.05×10^{-4}	0.998	1.947	0.33	145.10
A_6	E	40.30	0.928	0.693	2.41×10^{-4}	0.998	1.948	0.32	126.90
A_7	E	43.10	0.926	0.691	2.63×10^{-4}	0.998	1.948	0.32	101.52
A_8	E	37.50	0.955	0.678	3.52×10^{-4}	0.998	1.946	0.33	84.73
A_9	E	39.30	0.951	0.676	5.53×10^{-4}	0.996	1.945	0.32	65.67
A_{10}	E	44.99	1.016	0.674	7.91×10^{-4}	0.996	1.944	0.31	55.26
A_{11}	E	40.40	1.002	0.670	1.31×10^{-4}	0.993	1.944	0.31	44.85

样本集	模型	变程（km）	块金值 C_0	块金系数 $C_0/(C_0+C)$	RSS	R^2	分维数	Moran's I	Z
A_{12}	E	40.60	1.133	0.678	1.95×10^{-3}	0.991	1.945	0.31	41.51
A_{13}	E	36.80	1.041	0.662	1.41×10^{-3}	0.993	1.944	0.30	34.51
A_{14}	E	40.60	0.963	0.672	1.85×10^{-3}	0.989	1.944	0.28	26.04
A_{15}	E	37.00	1.034	0.636	2.09×10^{-3}	0.992	1.938	0.28	22.32
A_{16}	E	30.60	0.920	0.602	6.63×10^{-3}	0.974	1.934	0.27	17.45

表 3-7　关中平原不同样本集中耕地土壤速效钾的半方差函数、分维数及全局 Moran's I

样本集	模型	变程（km）	块金值 C_0	块金系数 $C_0/(C_0+C)$	RSS	R^2	分维数	Moran's I	Z
A	E	29.40	0.789	0.557	4.17×10^{-3}	0.986	1.921	0.28	307.99
A_0	E	29.10	0.791	0.557	4.16×10^{-3}	0.985	1.922	0.28	275.60
A_1	E	28.20	0.787	0.557	3.83×10^{-3}	0.986	1.922	0.28	235.26
A_2	E	28.10	0.792	0.557	3.66×10^{-3}	0.987	1.922	0.27	188.51
A_3	E	28.10	0.799	0.561	3.66×10^{-3}	0.987	1.923	0.27	157.49
A_4	E	28.30	0.708	0.556	2.81×10^{-3}	0.988	1.922	0.26	122.90
A_5	E	28.30	0.718	0.559	2.40×10^{-3}	0.990	1.923	0.26	97.14
A_6	E	27.80	0.599	0.580	1.08×10^{-3}	0.992	1.927	0.24	76.09
A_7	E	29.60	0.616	0.589	1.22×10^{-3}	0.991	1.928	0.24	68.36
A_8	E	31.70	0.741	0.572	1.43×10^{-3}	0.994	1.923	0.24	72.22
A_9	E	31.40	0.896	0.559	2.43×10^{-3}	0.993	1.920	0.25	59.37
A_{10}	E	30.06	0.892	0.563	1.82×10^{-3}	0.995	1.922	0.24	46.64
A_{11}	E	29.90	1.076	0.567	2.19×10^{-3}	0.996	1.923	0.24	37.14
A_{12}	E	29.00	1.175	0.565	3.68×10^{-3}	0.994	1.922	0.24	30.20
A_{13}	E	25.20	0.837	0.553	4.46×10^{-3}	0.985	1.928	0.25	25.85
A_{14}	E	24.80	0.450	0.564	2.75×10^{-3}	0.965	1.931	0.23	19.79
A_{15}	E	24.20	0.354	0.551	2.83×10^{-3}	0.949	1.929	0.18	15.13
A_{16}	E	24.60	0.289	0.549	2.34×10^{-3}	0.938	1.928	0.19	13.07

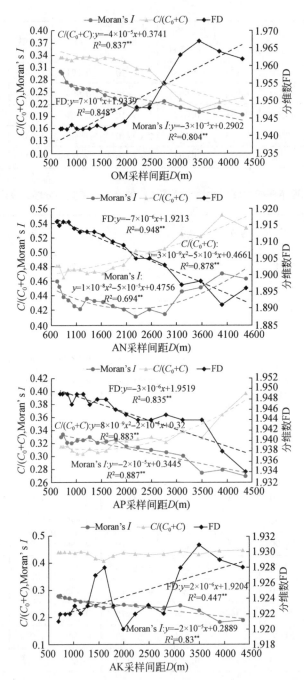

图3-2 关中平原耕地土壤养分空间结构比，分维数和全局 Moran's I 与采样间距的分布图

结构比 $C/(C_0+C)$ ＝1－块金系数 $[C_0/(C_0+C)]$，＊＊表示相关系数水平在 0.01 下显著，全书同

3.4.2.1 半方差结构特征

关中平原区耕地土壤养分在各样本集中的最优半方差理论模型均为指数模型，决定系数为 0.842 ~ 0.998，经 F 检验均达到 0.05 显著水平，残差标准差 RSS 逼近于 0，说明本研究构建的各半方差理论模型拟合精度较高，能较好的反映各土壤养分在各取样系列中的空间结构特征。原始数据集中，4 种土壤养分指标均具有中等强度的空间相关性，空间相关性程度表现为速效氮>速效钾>有机质>有效磷，均具有较好的空间连续性范围，表明其空间变异是受自然因素和人为因素共同作用的。

18 组样本系列（$A \sim A_{16}$）中，块金系数方面，土壤有机质 0.663 ~ 0.793，速效氮 0.449 ~ 0.529，有效磷 0.602 ~ 0.697，速效钾 0.549 ~ 0.589，即从空间结构性表达的总体程度上看，速效氮>速效钾>有机质、有效磷。分维数方面，土壤有机质为 1.942 ~ 1.967，速效氮为 1.891 ~ 1.916，有效磷为 1.934 ~ 1.949，速效钾为 1.920 ~ 1.931，即有机质、有效磷>速效钾>速效氮，表明土壤速效氮、速效钾在整个区域内表现出相对更多结构性变异，土壤有机质和有效磷则表现出更多的随机变异，与块金系数研究结果一致。

整体上，土壤速效氮与有效磷的半方差函数结构随采样数量、采样间距的变化趋势相似，二者的块金系数（结构比）与采样间距 D 间整体均呈极显著的线性负（正）相关关系（$P<0.01$）（表 3-8），即空间结构性整体随采样数量的减小、采样间距的增大呈增加趋势，然而过程中二者的结构比与采样间距 D 并非简单的线性关系，呈较为明显的先略降后增的二次多项式曲线变化，结构比的低值点分别存在于样本集 A_3、A_4 中（图 3-2）；分维数 FD 与采样间距 D 间均呈极显著的线性负相关关系（$P<0.01$），表明随采样数量的减少、采样间距的增大，二者的随机变异比例下降、结构变异比例增大，反映较大尺度的变异特点（表 3-8）。

表 3-8 18 组样本序列中空间结构性指标与采样数量、间距间的相关性

指标	有机质		速效氮		有效磷		速效钾	
	N	D	N	D	N	D	N	D
块金系数	−0.593**	0.915**	0.579**	−0.925**	0.472**	−0.852**	—	—
分维数	−0.604**	0.921**	0.745**	−0.974**	0.636**	−0.914**	−0.516**	0.669**
变程	0.543**	−0.871**	−0.665**	0.901**	0.404**	−0.660**	0.240**	−0.613**
Moran's I	0.935**	−0.899**	—	—	0.635**	−0.942**	0.785**	−0.911**

土壤有机质的半方差结构特征随采样数量及间距的变化趋势较为明显，表现为块金系数、分维数 FD 和变程均与采样数量 N、采样间距 D 呈极显著的线性相

关关系（$P<0.01$）（表3-8），即随着采样数量的减少、采样间距的增大，土壤有机质的空间相关距缩小，空间变异性增大、空间相关性减弱，与陈涛（2013）等学者的研究结果一致。土壤速效钾的半方差结构特征随采样数量及间距的变化趋势相对不明显，块金系数波动较小，与采样数量、采样间距关系不显著；其分维数、变程分别与采样间距 D 呈极显著的线性正、负相关关系（$P<0.01$）（表3-8），表明随采样数量的减少、采样间距的增大，随机变异比例总体增大、结构变异比例总体下降。

3.4.2.2　空间自相关性

空间自相关分析可知，各取样系列中土壤养分的全局 Moran's I 值为 0.18 ~ 0.47，其中土壤有机质的 Moran's I 值为 0.19 ~ 0.30，速效氮的 Moran's I 值为 0.41 ~ 0.46，有效磷的 Moran's I 值为 0.26 ~ 0.34，速效钾的 Moran's I 值为 0.18 ~ 0.28；经标准化 Z 值统计，各土壤养分在各样本集中均表现出 0.01 极显著的空间聚集性。土壤养分间的空间自相关性由大到小依次表现为：速效氮>有效磷>有机质>速效钾。土壤养分指标中有机质、有效磷和速效钾的 Moran's I 值与采样间距 D 间存在极显著的负线性相关关系（$P<0.01$），说明三者的空间自相关性随样点数量的减少、间距的增大而变弱，空间聚集性特征减弱，其中以土壤有效磷的相关性最为明显（$R=0.942$，$P<0.01$）；而土壤速效氮的 Moran's I 值随采样间距 D 的增大呈非简单线性关系，表现出先减小后增大的"U"形二次多项式变化趋势，整体上衰减缓慢，表明其空间连续性相对较好（图3-2），与半方差结构性分析结果一致。从标准化 Z 值来看，4 种土壤养分指标的 Z 值随采样间距 D 的增大呈幂函数下降，在采样间距 3000 m 后明显趋平（图3-3）。

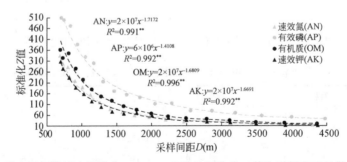

图3-3　关中平原耕地土壤养分 Moran's I 指数的标准化 Z 值与采样间距的散点分布图

3.4.3　空间结构特征的稳定性

本研究以各土壤养分全部样点即原始数据集 A 推断的半方差函数和计算的全

局Moran's I 值为比较的基准，比较与分析各土壤养分在各取样系列中的半方差结构和空间自相关性的稳定性、可靠性。

3.4.3.1 土壤有机质

以关中平原耕地土壤有机质全部样点数据 A 推断的半方差函数为基准[表3-4，图3-2（a）]，从半方差函数的理论参数来看，样本集 $A_0 \sim A_{11}$ 中的半方差函数与原始数据集 A 中的较为相似，变程在 60 km 左右，块金系数为 $0.66 \sim 0.70$，相对误差为 $0.01\% \sim 4.40\%$；自样本集 A_{12} 起，变程明显减小，其相对误差达 20%，块金系数比值明显增加，其相对误差达 $6.98\% \sim 16.30\%$，模型拟合精度 RSS 明显增加、R^2 明显下降；自样本集 A_{13} 起，块金系数高于 0.75 即结构比小于 0.25，样本数据表现出弱的空间相关性，表明这些样本集数据难以准确的推断土壤有机质的半方差函数模型及其参数，不能保证半方差估计的可靠性。从分维数看，样本集 $A_0 \sim A_9$ 较平稳，相对误差在 0.10% 以下，样本集 $A_{10} \sim A_{11}$ 略有波动，相对误差为 0.31%，而后分维数陡增，样本集相对误差提高到 $0.70\% \sim 1.29\%$，是样本集 $A_0 \sim A_9$ 的相对误差的 $7 \sim 13$ 倍。空间自相关性而言，全局 Moran's I 指数及标准化 Z 值随采样间距的增大呈总体下降趋势，在样本集 A_{10} 前呈规律性下降趋势，样本集 A_{10} 后 Moran's I 值的变化呈起伏状，相对原始值降幅在 25% 以上，同时标准化 Z 值变化趋平。可见，从空间结构稳定性、可靠性的角度看，土壤有机质的取样数量必须高于 A_{13} 即 2460 个，较为合理的取样数量存在于样本集 $A_9 \sim A_{10}$ 间。

3.4.3.2 土壤速效氮

以关中平原耕地土壤速效氮全部样点数据 A 推断的半方差函数为基准[表3-5，图3-2（b）]，从半方差函数理论参数来看，块金系数整体均处于 $0.25 \sim 0.75$ 间，各样本集中土壤速效氮均属中等强度的空间相关性。块金系数、分维数随采样间距的变化可分成 3 个阶段，即 $A_0 \sim A_9$，$A_{10} \sim A_{12}$，$A_{13} \sim A_{16}$。系列 $A_0 \sim A_9$ 中，块金系数的相对误差基本在 2.0% 以下，分维数的相对误差在 0.35% 以内，二者随采样间距的变化相对较缓；样本集 A_9 到 A_{10}，块金系数骤降即结构比骤增，系列 $A_{10} \sim A_{12}$ 中，块金系数值的相对误差提高至 $3.66\% \sim 4.45\%$，分维数的相对误差提高到 $0.57\% \sim 0.67\%$；样本集 A_{12} 到 A_{13}，块金系数骤降即结构比再次骤增，系列 $A_{13} \sim A_{16}$ 中，块金系数值的相对误差提高到 $8\% \sim 14\%$，分维数的相对误差提高到 1% 以上，且二者变化呈起伏状，其中 $A_{14} \sim A_{16}$ 的变程值与原始变程值相差 1 倍左右，可见此系列中的样本集数据难以准确的推断土壤速效氮的半方差函数模型及其参数。从模型拟合效果看，拟合精度 RSS、R^2 在 $A_0 \sim A_9$ 中相对平稳，样本集 $A_9 \sim A_{10}$ 时 RSS 骤增，A_{10} 起 RSS、R^2 变幅较大，拟合精度大幅度下降。空间自相关性而言，全局 Moran's I 指数随采样间距的变化不大，但在样本集 A_{10} 中为最低值，降幅超过 10%，且自样本集 A_{10} 起的标准化 Z 值随采样间距变化很小，相对趋平。由此可见，从空间结构稳定性、可靠性的角度看，土壤速效氮的取样数量应高于 A_{13} 即 2271 个，较为合理的取样数量是样本集 A_{9} 即 5547 个。

3.4.3.3　土壤有效磷

以关中平原耕地土壤有效磷全部样点数据 A 推断的半方差函数为基准 [表 3-6，图 3-2 (c)]，从半方差函数理论参数来看，各样本集中土壤有效磷的块金系数均为 0.60~0.70，均属中等强度的空间相关性。结构比样本集 A_0~A_8 中随采样间距呈 "U" 形二次多项式微幅变化，整体呈下降趋势，块金系数的相对误差在 1.80% 以下；样本集 A_8~A_{11} 中结构比随采样间距呈规律性的线性微幅变化，块金系数的相对误差在 2.10% 以下；样本集 A_{11} 后，结构比呈 W 状波动上升，变化幅度较大。变程在样本集 A_0~A_6 中随采样间距的变化较小，在原始值上下浮动，相对误差在 3.5% 以下，在样本集 A_6 后变化幅度增大，其中样本集 A_7~A_8 变化幅度最大，A_8 时相对误差高达 29.63%。分维数随采样间距的变化趋势显见，在样本集 A_0~A_7 时呈微幅波动，相对误差很小，A_7~A_8 时变化幅度略有增大，而后的 A_9~A_{14} 时呈微幅波动，A_{14} 后分维数骤降。从模型拟合效果看，拟合精度 RSS、R^2 在 A_0~A_{11} 中相对平稳，样本集 A_{11}~A_{12} RSS 骤增，A_{12} 起拟合精度下降明显且变幅较大，相较原始数据 A 的拟合精度，RSS 增大了 4 倍以上。从空间自相关性的角度看，各样本集中土壤有效磷的全局 Moran's I 值随采样间距的变化可分成 3 个阶段：①样本集 A_0~A_8 中呈微幅波动状的下降趋势，相对误差在 0.02% 以下；②样本集 A_8 至 A_9 时变幅略有增大，样本集 A_9~A_{13} 间呈规律性的线性下降趋势，Moran's I 的相对误差相应的增加到 5.60%~10%；③样本集 A_{13} 后 Moran's I 值骤降，变幅明显增大，其相对误差陡增至 17% 以上。此外，标准化 Z 值自样本集 A_{12} 起趋平。由此可见，从空间结构稳定性、可靠性的角度看，土壤有效磷的取样数量应高于其样本集 A_{12} 即 2989 个，本研究中较为合理的取样数量应在样本集 A_6~A_8。

3.4.3.4　土壤速效钾

以关中平原耕地土壤速效钾全部样点数据 A 推断的半方差函数为基准 [表 3-7，图 3-2 (d)]，从半方差函数理论参数来看，土壤速效钾的块金系数值相对集中，为 0.54~0.59，均属中等强度的空间相关性。样本集 A_0~A_5 中，块金系数 (或结构比) 相似，其相对误差在 0.72% 以下，变程集中于 28~29 km，分维数呈较平缓的增加趋势。样本集 A_5~A_9 中，结构比呈 "U" 形变化趋势，A_7 时结构比最小，此阶段的块金系数的相对误差较高，尤以样本集 A_6~A_8 最高，其相对误差达 2.70%~5.75%；变程呈明显的增加趋势，其相对误差 5%~8%；分维数起伏较大，整体呈"几"字形变化趋势。样本集 A_9 后，结构比波动较小，块金系数的相对误差基本控制在 1.50% 以内；变程呈明显的减小趋势，分维数波动较大，在样本集 A_{12} 至 A_{13} 时分维数陡增、变程陡降，A_{14} 时分维数达到最大值 1.93、变程达到最小值 24.20 km，样本集 A_{12} 后，两者的相对误差增加迅速。从空间自相关性的角度看，各样本集中土壤速效钾的全局 Moran's I 值随采样间距的变化可分成 3 个阶段：①样本集 A_0~A_5 中呈规律性较平缓的线性下降趋势，相对误差在 9% 以下；②样本集 A_5 至 A_6 时降幅略有增大，其中样本集 A_5~A_9 间呈先降后增的 U 型多项式变化，A_7 时 Moran's I 值最低，其后的样本集 A_9~A_{12} 中的 Moran's I 值变化平缓，A_6~A_{12} 阶段 Moran's I 的相对误差相近，为 12.47%~16%；③样本集 A_{12} 后 Moran's I 值变化明显，其中 A_{12}~A_{13} 呈增加趋势，A_{13} 后降幅明显增大、下降趋势显见，其相对误差提高到 20% 以上，在样本集 A_{14}~A_{16} 阶段 Moran's I 值的相对误差陡增，提高到 33% 以上，同时，标准化 Z 值自样本集 A_{12} 起趋平。由此可见，从空间结构稳定性、可靠性的角度看，土壤速效钾的取样数量应高于样本集 A_{12} 即 2972 个，本研究中较为合理的取样数量应在样本集 A_7~A_9。

3.4.4 Kriging 空间插值精度分析

对土壤养分空间预测的误差除了插值方法、预测模型带来的误差外，另一个重要方面是样本数量不足而无法准确反映造成的（张贝尔等，2013）。为了进一步分析采样数量（间距）对 Kriging 插值精度的影响，进行独立验证。

根据图 3-4 中各土壤养分的独立验证数据 B_0 的精度统计可知，插值精度分析指标中均方根误差 RMSE 和平均标准误差 ASE 随样本量的减少呈增大趋势，相关系数 R 呈减小趋势，尤其在样本集 A_{12}、A_{13} 后，二者变幅明显增大，插值精度骤降，表明 Kriging 插值精度整体上随采样数量的减少而降低。以原始 A_0 的 Kriging 预测精度为基准，土壤有机质在样本集 A_1~A_{10} 中 RMSE 和 ASE 呈逐渐增加趋势，且二者之差较稳定，R 呈逐渐减小趋势，在样本集 A_{10} 到 A_{11} 时，RMSE 变幅较大，R 骤降，RMSE 与 ASE 的差值增大，从预测精度角度来看土壤有机质的合理采样数量为 A_{10} 即 4806 个。以此类推，通过图 3-4 可初步判断，土壤速效氮的合理采样数量为 A_6 即 10 835 个，土壤有效磷的合理采样数量为 A_5 即 14 261 个，土壤速效钾的合理采样数量为 A_7 即 9076 个。按照相同数量的独立验证结果分组，通过组间 RMSE 方差分析可知，在 $P<0.05$ 显著水平下，土壤有机质中 A_0~A_{10} 样本集空间预测的 RMSE 没有显著性差异，A_{11}~A_{16} 样本集空间预测的 RMSE 与 A_0 样本集间存在显著性差异；土壤速效氮中 A_0~A_6 样本集空间预测的

RMSE 没有显著性差异，$A_7 \sim A_{16}$样本集空间预测的 RMSE 与 A_0样本集间存在显著性差异；土壤有效磷中 $A_0 \sim A_5$样本集空间预测的 RMSE 没有显著性差异，$A_6 \sim A_{16}$样本集空间预测的 RMSE 与 A_0样本集间存在显著性差异；土壤速效钾中 $A_0 \sim A_7$样本集空间预测的 RMSE 没有显著性差异，$A_8 \sim A_{16}$样本集空间预测的 RMSE 与 A_0样本集间存在显著性差异。由此可见，方差分析结果与图 3-4 所示结果一致。

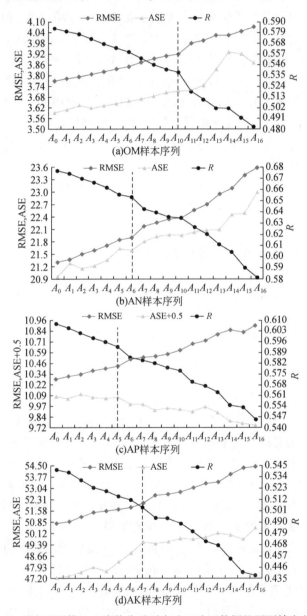

图 3-4　关中平原耕地土壤养分系列中独立验证数据的预测精度分布图

表3-9 各土壤养分数据集独立验证数据 B_0 的预测值统计特征

系列	有机质（g/kg）			速效氮（mg/kg）			有效磷（mg/kg）			速效钾（mg/kg）		
	M_1	M_2	SD	M_1	M_2	SD	M_1	M_2	SD	M_1	M_2	SD
A_0	5.84	34.87	2.63	22.50	149.66	19.14	8.23	47.58	7.13	66.76	326.85	33.35
A_1	6.03	33.90	2.60	24.28	143.72	18.97	8.58	47.03	7.07	67.71	322.93	33.28
A_2	6.12	33.22	2.58	23.80	142.40	18.90	8.91	48.70	7.00	66.66	320.80	33.23
A_3	6.57	33.17	2.58	24.33	141.54	18.81	8.66	47.08	6.93	66.24	298.94	32.80
A_4	6.63	32.08	2.57	22.38	143.36	18.66	8.64	46.72	6.93	71.33	298.10	32.61
A_5	6.83	32.61	2.54	23.59	143.87	18.65	8.64	46.72	6.85	71.43	294.35	32.37
A_6	8.11	32.86	2.51	24.88	143.35	18.49	9.03	45.29	6.76	74.47	294.18	31.96
A_7	8.72	31.29	2.46	25.23	142.39	18.32	9.26	43.20	6.68	77.33	276.31	31.69
A_8	8.59	32.32	2.47	28.54	141.26	18.28	9.44	42.82	6.70	77.71	293.55	32.45
A_9	9.20	30.32	2.40	31.28	141.91	18.11	8.66	40.46	6.61	75.66	300.85	33.26
A_{10}	9.31	30.35	2.28	31.51	141.95	18.35	8.29	39.04	6.51	77.87	297.08	32.72
A_{11}	9.77	28.80	2.23	31.73	144.37	18.48	8.00	40.01	6.42	83.19	281.31	32.31
A_{12}	10.24	28.83	2.20	30.53	147.72	18.48	8.30	39.05	6.19	82.36	274.35	31.53
A_{13}	10.74	29.83	2.08	30.13	149.93	18.88	7.94	39.84	6.13	90.53	274.56	31.43
A_{14}	10.89	29.48	2.08	30.29	147.05	18.66	7.98	36.63	5.88	90.86	289.68	31.06
A_{15}	10.94	28.80	2.08	30.61	145.55	18.34	7.38	38.13	6.01	91.08	292.53	30.57
A_{16}	10.65	28.33	2.01	32.30	144.03	18.02	7.21	37.76	5.91	88.51	272.70	30.13

注：M_1 表示最小值，M_2 表示最大值，SD 表示标准差。

各土壤养分取样系列中的独立验证数据 B_0 的预测值统计特征发现（表3-9），随着采样数量的减少即采样密度的降低，Kriging 估测值的极值范围明显缩小，标准差呈下降趋势，变异系数也随之整体降低，预测值整体向区域集中化方向发展。由此表明，采样数量的减少在一定程度上增加了 Kriging 估值的平滑效应，降低了其估值精度。从 4 种土壤养分间的预测精度上看，整体上土壤速效氮的预测精度较高，土壤有效磷与速效钾次之，土壤有机质的预测精度较低。分析认为，Kriging 方法的理论基础是空间相关性，其预测精度主要与空间关系的紧密程度有关，本研究中土壤速效氮空间结构性相对较强，且其随采样数量的变化不大，而本身的变异系数也不高，进而使得其插值精度较高、变化相对较缓；土壤有机质空间变异性较强，且随采样数量的减少，空间异质性呈增加趋势，空间自相关性明显减弱，使其插值精度不高；土壤有效磷的空间结构性随采样数量的减少呈增大趋势，即便其在区域内的变异系数较大，仍然可以得到相对较精确的估值结果，与赵彦锋（2011）等学者的研究结果一致。

3.4.5 合理采样数量

本研究以关中平原耕地土壤养分的原始数据特征为基准，从土壤养分各取样系列下的统计特征、空间结构性特征及其稳定性和独立验证精度 3 个层面进行研究与分析。综合比较分析知，基于地统计学 Kriging 方法研究时，关中平原土壤有机质样本数不应低于 2460 个，速效氮不应低于 2271 个，有效磷不应低于 2989 个，速效钾不应低于 2972 个；进一步同时满足原始数据的半方差结构稳定性及其精度要求时，较为合理的采样数量是：土壤有机质为 4806 个，土壤速效氮为 10 835 个，土壤有效磷为 14 261 个，土壤速效钾为 9076 个。

3.5 讨论与结论

3.5.1 讨论

目前有关土壤养分合理采样数量及其空间变异性对采样尺度（间距）的响应研究大多采用 4~10 个取样系列，其取样梯度、取样数量的代表性有限。本研究在每一土壤养分的原始数据集中按照一定的容量梯度随机选取了 17 个子样本集，数据量为 1161~49 755，数据信息丰富；同时，通过地统计学法分析发现，土壤养分的空间结构特征及插值精度往往随采样数量（间距）呈阶段性的变化，表明本研究所采用的取样梯度和选取的子样本集的代表性充分，研究结果翔实可靠。换言之，本研究中的取样梯度可尝试进行适当的增大，减少取样子集，使土壤养分的空间结构特征、空间插值精度的变化更为清晰明了，同时提高工作效率。

通过土壤养分空间变异性特征随采样间距的变化研究发现，关中平原耕地土壤各养分的最少采样数量远高于 Cochran 法计算的最佳采样数量。以有机质为例，Cochran 法计算的合理采样数量为 139 个，关中地区 139 个耕地土壤样点有机质的统计特征与原始数据集中的统计特征也较为相似，但在构建半方差函数时，其块金系数趋于 0，无法准确的反映其空间结构特征，表明 Cochran 法不适用于关中平原耕地土壤采样数量研究。分析认为，国外的研究多基于小尺度区域，Cochran 法的应用是有区域尺度条件限制的，如 Cochran 法在关中地区计算的合理采样数量与其在县域尺度计算的合理采样数量大致相当，这是远不符合实际要求的。盲目地使用 Cochran 最佳采样数量计算公式进行采样数量设计，会造成采样点数量严重不足、代表性较差，进而严重影响到最终土壤养分的空间结构及其空间预测的准确性。由此也可知，在采样数量较小即采样间距（尺度）较大、样点间空间自相关性较弱时，相对较少的样点数据也能够满足区域土壤养分的均值、变异系数等统计特征估测的需要，但不适用于构建半方差结构模型，进而不适于进行空间变异性特征和插值分析。

在本研究合理的采样数量范围内，关中平原区各耕地土壤养分在空间结构连续性的表达上即识别空间变异结构的程度上，土壤有机质在样本集 A_5，有效磷在样本集 A_1，速效钾在样本集 A_4 中的结构比最高，从中可说明在识别土壤养分空间变异结构性特征方面，土壤样点的优化布置可能比单纯的增加采样点的数量更为重要。此外，在空间插值精度评价中发现，在合理的采样数量范围内，各土壤养分的预测精度并非准确的随采样数量的减少、采样间距的增大而下降，如土壤速效钾中样本集 A_4 的 RMSE 低于样本集 A_3，即基于 22 161 个速效钾样点数据的空间插值精度不及 17 728 个样点的预测精度，进一步说明样点空间布局也是影响空间插值的重要因素。

地统计学中半方差函数的变程代表着土壤养分的最大空间相关性范围，可作为选择采样设计的一个有效准则（Utset et al., 1998）。Kerry 和 Oliver（2003）认为样点间距要小于变程的一半，而小于变程的 1/10 则又是一种浪费。通过本研究发现，以最少采样数量来看，关中平原区耕地土壤有机质，速效氮、有效磷和速效钾 4 种土壤养分的采样间距分别约为其各自变程的 1/16、1/15、1/15 和 1/11；以合理的采样数量来看，土壤有机质，速效氮、有效磷和速效钾 4 种土壤养分的采样间距分别约为其各自变程的 1/27、1/28、1/31 和 1/18。这与 Kerry

等的研究结果不一致。Kerry 等的研究结果是在小尺度的农场试验所得，且国外多是规模化经营，管理制度较一致，而国内管理制度不一且差异性较大，自 20 世纪 80 年代家庭联产承包责任制实施，农事管理的差异性更为突出；再者，本研究中表明，不同养分间空间结构性参数不同，采样间距也不能简单地通过变程的倍数来确定。

合理的采样数量是应实际应用需求而定，需要既定的标准与要求，其应处于一个范围而不是某个数值。目前的相关研究多是以原始数据的拟合精度为标准，而原始数据的采样尺度是否合理、数据代表性是否充分需要考量。本研究原始采样数据量丰富，空间结构表达细致，提高了精度要求，在一定程度上也限制了合理样点缩减的比例，可根据实际的应用需求，降低精度要求，适当减少样点数量。

3.5.2　结论

本研究以关中平原为研究区，基于该区高密度采样数据，采用随机抽取法，生成不同采样数量系列的样点数据集，研究采样数量（间距）对土壤大量元素养分的统计参数、空间变异特征和地统计学插值分析的影响，探讨该区各土壤养分的合理采样数量。

土壤养分的空间变异性具有明显的尺度效应，其变异系数、块金系数、分维数与采样数量、采样间距之间存在极显著的相关性。随采样数量的减少、采样间距的增大，土壤养分含量的极差缩小，空间自相关性（空间集聚特征）减弱，标准化 Z 值在平均采样间距 3000 m 后明显趋平。土壤速效氮和有效磷的空间结构性变异随采样数量的减少、间距的增大呈增大趋势，小尺度因素被掩盖，受较大尺度的因素影响；土壤有机质和速效钾的空间结构性变异则随之大致呈下降趋势，随机因素起相对更为重要的作用。各养分序列中，随采样数量的减少，各养分空间结构特征与采样间距间的关系变化复杂，多呈 "U" 形或倒 "U" 形多项式变化。采样数量的减少，在一定程度上增加了 Kriging 估值的平滑效应，使得预测的极差和标准差减小、变异系数下降。

基于地统计学 Kriging 方法进行关中平原耕地土壤空间插值，土壤有机质样本数不应低于 2460 个，土壤速效氮不应低于 2271 个，土壤有效磷不应低于 2989 个，土壤速效钾不应低于 2972 个；进一步同时满足原始数据的半方差结构稳定性及其精度要求时，较为合理的采样数量为：土壤有机质 4806 个、土壤速效氮 10 835 个、土壤有效磷 14 261 个、土壤速效钾 9076 个。原始高密度的采样数据在保证空间插值准确性的同时，也提高了精度评价的参照标准，可根据实际的应用需求，降低精度要求，适当减少合理采样数量。

在关中平原土壤空间研究中不可盲目使用 Cochran 最佳采样数量计算公式进行采样数量设计。此方法会造成采样点数量严重不足、代表性较差，无法构建准确、稳定的半方差结构，进而造成土壤养分 Kriging 插值结果严重失真。在采样数量较小即采样尺度较大，样点间空间自相关性较弱时，相对较少的样点数据也能够满足区域土壤养分的均值、变异系数等统计特征估测的需要，但不适用于构建半方差结构模型，进而不适用于空间变异性特征和 Kriging 插值分析。合理的采样数量和采样尺度的确定需充分结合统计特征和空间结构特征进行分析研究。同时，样点的布局也是影响土壤养分空间结果特征及插值精度的重要因素。

第4章　土壤全氮空间估值及采样数量优化

4.1　引　言

土壤全氮是土壤肥力与质量的重要表征指标之一，是陆地氮库的重要组成部分，其不仅反映土壤肥力水平，也印证区域生态系统演变规律（张春华等，2011；赵业婷等，2014a，2014b）。土壤氮素含量的空间变异性是引起区域氮素迁移转化过程模拟不确定性的重要原因之一（路鹏等，2005；张世熔等，2007；赵业婷等，2014a）。

已有的土壤全氮空间特征研究广泛采用基于单一目标变量的普通克里格法（Huang et al.，2007；Zhang et al.，2007；Wang et al.，2009；Darilek et al.，2009；崔潇潇等，2010；赵业婷等，2012；司涵等，2014）。普通克里格法的估值精度主要受制于采样数量和采样间距，若采样数量太少会使得取样结果缺乏代表性而失去可信的价值，若太多则又需耗费过多的人力、物力与财力。土壤全氮测定手续烦琐，测定成本较高，样品前期处理复杂，易产生较大误差，给快速准确分析带来一定困难；其与有机质间通常具有极显著的正相关关系，且有机质测定手续相对简单、稳定，满足协同克里格法的基础前提即同一现象多种属性间存在相关关系，以易获取的、稳定的辅助变量来提高不易获取的主变量的估值精度（王政权，1999）。近年来，相继有许多学者采用协同克里格法对土壤微量元素（孙波等，2006；庞凤等，2009；姜勇等，2006）、盐分（李艳等，2006）、剖面电导率（李艳等，2004）等特性及其采样数量优化进行研究。已有研究表明，在目标变量与辅助变量间呈显著的相关关系（尤其是相关系数 R 在 0.50 以上）时，协同克里格法相比普通克里格法可以提高土壤属性的估值精度，在保证目标变量的预测精度下可以优化采样数量、提高采样效率（Yates and Warrick，1987；姜勇等，2006；庞凤等，2009；Wu et al.，2009；Liao et al.，2011；郭鑫等，2012；李润林等，2013）。但目前此类研究多集中在田块等小尺度区，构建半方差函数时多假设各向同性，甚少考虑实际存在的各向异性特征，且将土壤有机质与全氮相结合的研究不多，有关关中农业区中协同克里格法在土壤全氮空间估值中的适用性研究也鲜见报道。

随着陕西省西咸新区的设立，西安大都市圈的构建，渭北台塬粮区势必成为关中地区农业生产与发展的战略要地，城郊农业区则是大都市区最直接的粮食供应与保障基地。本研究选取关中地区渭北台塬典型农业县——蒲城县、关中平原典型的城乡交错带——长安区共2个代表县，来研究以有机质为辅助变量的协同克里格法在耕地土壤全氮空间估值中的适用性，同时结合随机抽样法对采样数量的优化进行定量分析与探讨，旨在为精准农业的发展及测土配方施肥项目的推进提供科学依据。

4.2 研究方法

4.2.1 研究区概况

4.2.1.1 渭北台塬典型农业县——蒲城县

蒲城县隶属陕西省渭南市，地理位置在109°20′16″～109°54′55″E，34°45′02″～35°10′35″N，东西长52.60 km，南北宽47.50 km，县域面积1582 km²，总人口79万人（2011年）。地处关中盆地与陕北黄土丘陵沟壑区的交接处，其基底构造为古生代奥陶系灰岩，上伏新生代第三系、第四系沉积物。地势自西北向东南呈坡阶状递降，海拔高度350～1282 m，地貌类型以台塬为主，分为南部平原区（350～400 m）、中部台塬区（400～600 m）、北部山塬区（>600 m）（图4-1）。气候属暖温带半干旱大陆性季风气候，四季分明，年均气温13.2 ℃，年均降水量550 mm，无霜期180～220 d。土地利用以耕地为主，土地垦殖率达60%。种植业以粮食作物（小麦、玉米）为主，粮食播种面积87 178 hm²，粮食产量336 481 t，其夏粮播种面积居陕西省首位。该县耕种土壤主要为壤土、黄绵土和新积土等，其中壤土是由于长期耕作、施肥的影响，在原来的自然褐土上覆盖了数10 cm厚的人工堆积熟化层而形成的主要农业土壤，分布面积最多。

4.2.1.2 关中平原典型城乡交错带——长安区

长安区位于西安市近郊，是典型的城乡交错带，地理位置在108°63′～109°20′N、33°98′～34°30′E，土地面积824.90 km²，土地垦殖率达70.25%，其从西、南两个方向围拱西安市区，是西安市直接的粮食供应与保障基地。该区属暖温带半湿润大陆性季风气候，冷暖干湿、四季分明，年均降水量640 mm，年均气温

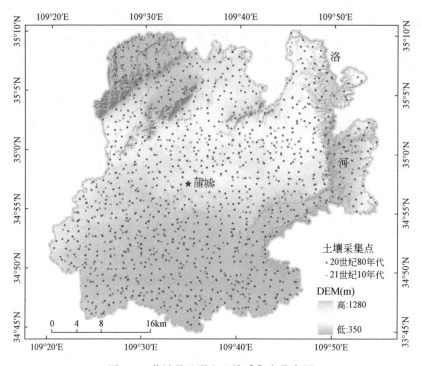

图4-1　蒲城县地形和土壤采集点分布图

13.3℃，无霜期219 d。地势东南高西北低，海拔385～882 m，平均海拔487.20 m，由北向南分布着冲积平原、黄土台塬和洪积平原（图4-2）。该区耕种土壤主要为塿土，此外有部分新积土、潮土和黄绵土等。植被主要为大田农作物（小麦–玉米）和城市绿化等栽培植物类型。

4.2.2　数据处理方法

通过对蒲城县（2011年和20世纪80年代）和长安区（2010年）耕地土壤有机质与全氮数据的探索性分析，发现长安区土壤养分各向异性特征较为明显。因此，本研究基于蒲城县假设各向同性、长安区考虑各向异性特征的前提下，分别分析与探讨以有机质为辅助变量的协同克里格法在土壤全氮空间估值中的适用性。2县样点数据具体处理方法如下。

1）蒲城县保存有完整的20世纪80年代时期土壤样点分布图，鉴于30年间蒲城县耕地面积下降了18.18%（1980～2010年），本研究以该县2010年耕地分布图为本底，获取20世纪80年代529个有效土壤样点即"蒲城－$_{1980}$"（图4-1，表4-1）。为进一步提高两期数据的可比性、真实性和客观性，本研究以20世纪

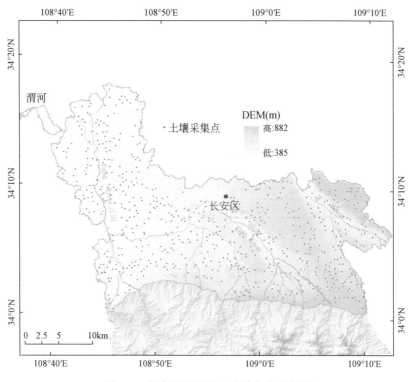

图 4-2　长安区地形和土壤采集点分布图

80 年代即"蒲城$_{1980}$"采样地块为基准,选取相应地块的 2011 年样点($n=554$)即"蒲城$_{2011}$"(图 4-1,表 4-1),以期在分析协同克里格法的适用性的同时,为土壤养分的时空变异特征分析提供前提条件,2011 年余下样点($n=180$)作为验证样本集。

2)鉴于目前的研究大多采用全部样点的变量信息,利用普通克里格法分析区域化变量的空间特征(李艳等,2006;孙波等,2009;庞凤等,2009;李楠等,2011)。本研究基于 ArcGIS 的自动化拟合优势(王茯泉 2009),考虑各向异性特征,采用长安区 2010 年全部土壤样点数据($n=645$)即"长安$_{2010}$"(图 4-2,表 4-1),来分析与探讨以土壤有机质为辅助变量的协同克里格法在该县耕地土壤全氮空间估值中的适用性,继而结合随机抽样法进行采样数量优化的研究。

3)"蒲城$_{1980}$""蒲城$_{2011}$"和"长安$_{2010}$"中土壤有机质与全氮数据基本符合正态分布(表 4-1),经过自然对数变换后正态分布拟合效果更好,均能完全通过 K-S 检验。3 项数据集中土壤有机质与全氮含量均呈极显著的正相关关系($P<0.01$),相关系数 R 依次为 0.627、0.602、0.621,满足协同克里格法和普通克里格法应用的理论基础。

表 4-1　蒲城县与长安区耕地土壤有机质与全氮含量基本统计特征

数据集	指标（g/kg）	最小值	最大值	平均值	中值	标准差	变异系数（%）	偏度	峰度
蒲城-2011 (n=554)	有机质（OM）	8.30	22.7	13.58	13.3	2.64	19.44	0.00	2.82
	全氮（TN）	0.45	1.33	0.81	0.80	0.15	18.52	0.34	3.03
	碳氮比（C/N）	4.96	22.20	9.86	9.51	1.87	18.97	1.94	10.51
蒲城-1980 (n=529)	有机质（OM）	4.74	19.05	8.88	8.57	2.08	23.42	0.94	4.83
	全氮（TN）	0.30	1.04	0.60	0.58	0.12	20.00	0.70	3.93
	碳氮比（C/N）	4.11	26.95	8.74	8.48	1.92	21.97	1.88	12.51
长安-2010 (n=645)	有机质（OM）	5.20	33.90	18.96	18.50	5.12	27.00	0.53	3.81
	全氮（TN）	0.39	1.89	1.11	1.09	0.25	22.52	0.45	3.83
	碳氮比（C/N）	2.63	26.79	10.14	9.93	2.50	24.65	1.45	9.59

4.3　Cokriging 在土壤全氮空间估值中的适用性

本研究从空间结构特征、空间插值精度和空间分布格局 3 个角度，分析在样点代表性充足情况下，以有机质为辅助变量的协同克里格法在土壤全氮空间估值中的适用性，也为后续的深入研究提供理论依据。

4.3.1　半方差结构分析

各数据集中初始土壤有机质、全氮的单变量和以土壤全氮结合有机质的交互变量的最优半方差函数及其参数如表 4-2 所示。在蒲城县（2011 年）和长安区（2010 年）中即数据集"蒲城-2011"和"长安-2010"，单一目标变量的土壤有机质与全氮空间结构特征极为相似，均属中等强度的空间相关性，且均具有极显著的空间自相关性（$P<0.01$），表明二者是协同区域化变量。2 项数据集中，土壤有机质和全氮的交互变量相对单一目标变量，空间自相关距离接近，块金系数相近，长安区中各向异性条件下的长轴方位角及其趋势基本一致，各向异性比均大于 1.10，维持了原有的空间结构特征；交互变量的半方差理论模型拟合效果较单变量全氮的优，表明土壤有机质可以协助土壤全氮构建更为稳定、准确的半方差函数，二者属协同区域化变量。同时发现，融合了辅助变量空间信息的交互变量的块金系数明显下降即结构性比重增加，与庞夙（2009）等学者的研究结果一致，但在变程的变化上不尽相同，这可能与不同地域变量的空间变异性影响因素有关。此外，该 2 项数据集中全氮的空间相关距远大于各试验的平均样点间距，表明可以在区域内根据一定的精度要求优化采样数量，为下文尝试采用协同克里

格法进行采样数量优化提供理论依据。

表 4-2　蒲城县和长安区耕地土壤有机质与全氮最优半方差函数理论模型及其参数

数据	变量	模型	方位角	变程（km）	块金系数 $C_0/(C_0+C)$	模型拟合精度			Moran's I	标准化 Z 值
						R^2	MSE	RMSSE		
蒲城-2011	OM	指数	—	27.26	0.482	0.982	0.0003	1.021	0.30	16.04
	TN	指数	—	26.50	0.491	0.960	0.002	1.023	0.29	15.56
	OM×TN	球状	—	25.30	0.463	0.988	−0.002	0.999	—	—
蒲城-1980	OM	指数	—	16.56	0.563	0.970	−0.0005	1.014	0.21	15.44
	TN	指数	—	9.55	0.628	0.961	−0.0007	0.995	0.19	13.57
	OM×TN	指数	—	18.80	0.717	0.863	−0.003	0.930	—	—
长安-2010	OM	指数	290.10	14.23/12.18	0.710	—	−0.003	0.998	0.21	12.59
	TN	指数	342.30	14.43/12.57	0.650	—	−0.002	1.010	0.20	11.92
	OM×TN	指数	311.80	14.45/12.76	0.550	—	0.0004	0.998	—	—

注：长安区数据分析时考虑各向异性特征，其变程表示为：长轴距离/短轴距离。

"蒲城-1980"数据集中土壤有机质与全氮的半方差结构大体一致，均属中等强度的空间相关性，也均达到极显著的空间自相关性（$P<0.01$），但二者在变程上差异较大，全氮的变程仅是有机质变程的 55%。从土壤有机质与全氮的交互半方差函数来看，其变程是单变量全氮变程的近 2 倍，其模型拟合精度均低于单一目标变量的拟合精度。由此表明，"蒲城-1980"数据集中交互半方差函数拟合效果不理想，主辅变量的变程差异是其主要原因。

4.3.2　空间估值精度分析

各项数据集的插值精度如表 4-3 所示。以各项数据集中普通克里格法插值精度为参考，来评价以有机质为辅助变量的协同克里格法的插值精度。

表 4-3　普通和协同克里格法下的蒲城和长安耕地土壤全氮及碳氮比的估值精度

时期	图层	计算方法	插值范围	插值精度（20 m×20 m）		
				R	MAE	RMSE
蒲城-2011	全氮（TN[a]）	普通克里格	0.60～1.08	0.753 ** /0.552 **	0.079/0.090	0.108/0.119
	全氮（TN[b]）	协同克里格	0.59～1.09	0.783 ** /0.561 **	0.075/0.089	0.101/0.117
	碳氮比（C/N[a]）	(OM×0.58)/TN[a]	0.79～12.42	0.700 ** /0.516 **	0.932/1.162	1.459/1.672
	碳氮比（C/N[b]）	(OM×0.58)/TN[b]	8.07～12.44	0.645 ** /0.479 **	0.979/1.165	1.520/1.676

时期	图层	计算方法	插值范围	插值精度（20 m×20 m）		
				R	MAE	RMSE
蒲城$_{-1980}$	全氮（TN^a）	普通克里格	0.45~0.80	0.782**	0.060	0.082
	全氮（TN^b）	协同克里格	0.47~0.77	0.678**	0.068	0.094
	碳氮比（C/N^a）	(OM×0.58)/TN^a	6.71~12.30	0.756**	0.845	1.381
	碳氮比（C/N^b）	(OM×0.58)/TN^b	7.23~12.13	0.637**	0.964	1.553
长安$_{-2010}$	全氮（TN^a）	普通克里格	0.86~1.41	0.662**	0.148	0.195
	全氮（TN^b）	协同克里格	0.84~1.44	0.683**	0.145	0.190
	碳氮比（C/N^a）	(OM×0.58)/TN^a	7.22~12.51	0.634**	1.299	1.824
	碳氮比（C/N^b）	(OM×0.58)/TN^b	7.48~12.70	0.579**	1.345	1.887

注：**表示相关系数在0.01水平显著。蒲城$_{-2011}$的插值精度：训练样本（$n=549$）/验证样本（$n=180$）。

土壤全氮插值精度上，"长安区$_{-2010}$"中协同克里格法 TN^b 估测的绝对平均误差 MAE 下降了2.03%，均方根误差 RMSE 下降了2.56%，相关系数 R 提高了3.63%。"蒲城县$_{-2011}$"中 TN^b 估测的训练样本中 MAE 下降了5.06%，RMSE 下降了6.48%，R 提高了3.98%；验证样本中 MAE 下降了1.11%，RMSE 下降了1.68%，R 提高了1.63%。而"蒲城$_{-1980}$"中，以有机质为辅助变量的协同克里格法估值精度明显低于普通克里格法，其 TN^b 估测的 MAE 增加了13.33%，RMSE 增加了14.63%，R 下降了13.30%。

土壤碳氮比估值精度上，蒲城县和长安区内基于普通克里格法 C/N^a 的插值精度均高于 C/N^b。分析原因，克里格插值法本身具有一定的平滑压缩效应，获得的含量插值范围是样点数据集的子集（表4-3），使本研究中土壤全氮与有机质的插值图层间的相关性普遍高于实测样点间的相关性。以"蒲城县$_{-2011}$"为例，融合了辅助变量有机质信息的图层 TN^b 与辅助变量图层 OM 间的相关系数（$R=0.78$）相较 TN^a（$R=0.75$）稍高，进而使得图层 C/N^b 与辅助变量图层 OM 间的相关系数（$R=0.26$）明显低于图层 C/N^a（$R=0.32$），更低于样点数据集中的相关系数，导致图层 C/N^b 预测精度低于图层 C/N^a。同时，蒲城县中图层 C/N^a 相比 C/N^b 含量极值范围扩大了1.83%；长安区中图层 C/N^a 相比 C/N^b 含量极值范围扩大了1.32%表达信息更为丰富。

由此可见，不论采用独立验证集检验法还是全部样点检验法，相同采样数量下，空间结构特征和空间相关距一致的情况下，以土壤有机质为辅助变量的协同克里格法能够提高土壤全氮的估值精度，适于目前蒲城县和长安区的耕地土壤全氮的空间插值。协同克里格法的本身算法，使得其训练样本集的插值精度的提高程度明显高于验证样本集的精度提高程度。以有机质为辅助变量的全氮协同克里格法不适用于进行主辅变量的栅格比值运算获取土壤碳氮比值图。

4.3.3 空间分布特征分析

基于上述分析,本研究采用普通克里格法和协同克里格法分别绘制蒲城县 (2011 年) 和长安区 (2010 年) 土壤全氮空间分布图 (图 4-3 和图 4-4)。同一

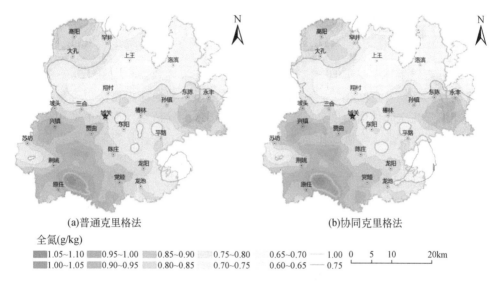

图 4-3 基于普通克里格法与协同克里格法的蒲城县耕地土壤全氮的空间分布图

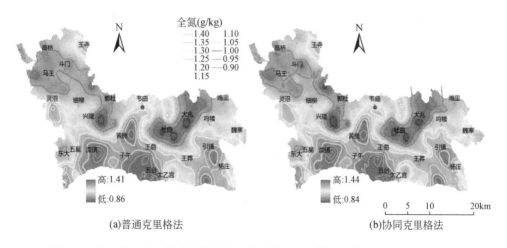

图 4-4 基于普通克里格法与协同克里格法的长安区耕地土壤全氮的空间分布图

县域中，协同克里格法与普通克里格法下的耕层土壤全氮空间分布趋势和图斑形态整体较为相似。协同克里格法相较普通克里格法，蒲城县所得土壤全氮含量极值范围扩大 6.35%，等级图斑数增加 13%；长安区所得全氮含量的极值范围增加了 9.10%，等级图斑数增加了近 30%。由此可见，协同克里格法下的土壤全氮空间镶嵌结构更为复杂，能够提供更多的局部变异细节信息，此与庞夙等（2009）、苏晓燕等（2011）、杜挺等（2013）等研究结果一致。

4.3.4　问题与思考

以有机质为辅助变量的全氮协同克里格法，在采样数量相同且丰富、主辅变量空间结构特征及空间相关距一致时，相较单变量的普通克里格法更有优势，其不仅能够提高空间估值精度，还能提供更多的局部变异信息，但其不适用于进行栅格比值运算获取土壤碳氮比。主辅变量空间相关距的差异是影响协同克里格法应用的重要因素。

本研究涉及各县土壤采样数量较为丰富，样点代表性强，在一定程度上保证了普通克里格法较高的插值精度，以此为参照，限制了协同克里格法的适用性强度，可尝试进一步加大主辅变量的差异，优化土壤全氮的采样数量，提高采样效率和经济效益。

4.4　土壤全氮的时空变异性特征

本研究以蒲城县为例，基于"蒲城-$_{1980}$"和"蒲城-$_{2011}$"数据，分析耕地土壤全氮时空变异性特征。

通过表 4-1 可知，30 年间蒲城县耕地土壤全氮平均含量提高了 0.21 g/kg，变异系数下降了个 1.48 个百分点；24 个镇级行政单位统计，土壤全氮的变化量（变化率）与 20 世纪 80 年代含量间达到极显著的负相关性（$P<0.01$），表明30 年间蒲城县耕地土壤全氮含量整体在增加，表现出原低值区含量增速快、原高值区含量增速慢的变化规律，整体向区域均匀化方向发展。空间结构特征上，两个时期土壤全氮均属中等强度的空间相关性，均具有极显著的空间自相关性（$P<0.01$）；相较 20 世纪 80 年代，2011 年土壤全氮的块金系数值下降了 0.14 左右，变程增大了近 2 倍，全局 Moran's I 指数提高了 0.10，表明 30 年间蒲城县耕地土壤全氮空间相关性增强，大尺度的结构性因素比重增加，局部变异性减弱。

30 年间蒲城县肥料的大量施用在提高粮食产量的同时也增加了作物残茬和根系的生物量；农业机械化作业程度的提高促进了秸秆还田的推行，使得大量的有机物质进入土壤，促进了有机质与全氮的累积。为深入了解影响土壤全氮时空变异的因素，本研究选取地形地貌、土壤类型、人为因素等因子的两期样点数据进行统计和对比分析（表4-4和表4-5）。影响因素对比分析可知，两个时期土壤全氮含量均与地形因子（海拔、坡度）呈极显著的负相关关系（$P<0.01$），且2010年的相关性整体较高；其他因子中，两个时期土壤全氮的分布规律不尽相同，土壤类型上，20世纪80年代时期土壤全氮含量由大到小依次为黄绵土>平均水平>塿土>新积土，2011年则表现为塿土>平均水平>黄绵土>新积土；地貌类型上，南部平原区含量均显著高于其他地貌类型（$P<0.01$），20世纪80年代时期表现为南部>北部>中部，2011年则表现为南部>中部>北部。人为因素方面，20世纪80年代时期相关性不显著，而2011年呈极显著的负相关关系（$P<0.01$），即近距离区含量高、远距离区含量低的分布规律。整体上看，相较20世纪80年代时期，2011年土壤全氮在地貌类型及土壤类型间的高、低值分异增大，其中地貌类型中以中部台塬区增速最快，土壤类型中以塿土增速最快。调查分析可知，30年间蒲城县不断发展灌溉业，尤其在中部台塬区不断完善洛惠渠、洛西渠等，引洛河水灌溉，大部分旱地变为水浇地，灌溉面积提高了60%，促进了有机质与全氮的积累；同时，该区是重点基本农田保护区，农田基础设施配套，交通便利，农事管理便捷且投入大，精耕细作，塿土连片分布，进一步促进了土壤养分的积累。

表4-4 20世纪80年代和2011年蒲城县不同因素下耕地土壤全氮的方差分析

环境因素		20世纪80年代		2011年	
		平均值±标准误（g/kg）	F	平均值±标准误（g/kg）	F
地貌类型	南部平原区	0.64±0.01a	16.37	0.86±0.01a	28.91
	中部台塬区	0.57±0.01b		0.80±0.01b	
	北部山原区	0.59±0.01b		0.74±0.01c	
土壤类型	塿土	0.60±0.01a	8.66	0.86±0.01a	23.13
	黄绵土	0.62±0.01a		0.78±0.01b	
	新积土	0.56±0.01b		0.80±0.02b	

注：同列数据后同一因素中不同小写字母表示差异达5%显著水平（采用最小显著差数法）。

表4-5 20世纪80年代和2011年蒲城县耕地土壤全氮与环境变量间的相关性析

时期	海拔高度	坡度	与距居民点距离	与主干道路距离
20世纪80年代	−0.187**	−0.195**	−0.064	−0.010
2011年	−0.362**	−0.305**	−0.102**	−0.167**

由此可见，30年间人为活动及其地理区位导向作用在土壤养分时空变异特

征中发挥着重要的影响，其在增加土壤养分含量的同时，也在一定程度上增强了土壤养分与地形因子的相关性。

4.5 基于 Cokriging 的土壤全氮采样数量优化

4.5.1 采样数量优化方法

本研究以西安市长安区为例，采用随机抽样法从原始数据集中随机抽取90%、85%、80%和70%的全氮数据，分别构建各取样系列下其单变量和以初始645个有机质数据为辅助变量的交互变量的半方差函数，进行克里格插值。

鉴于目前的研究大多采用全部样点的变量信息，利用普通克里格法分析区域化变量的空间特征，因此本研究以初始645个全氮的单变量空间结构特征及其普通克里格插值结果（20 m × 20 m）为参考，从空间结构特征（空间相关性程度、长轴方位角、自相关距离等）、插值精度与空间分布特征3个方面比较与分析协同克里格法优化取样数量的适用性及其合理的采样数量。

因取样数量发生变化时，样点相对空间位置及其所承载的信息量均发生变化，且比较不同样本数量的预测精度时，其平均值、标准差等统计特征存在波动性。为使各取样系列间预测精度具有可比性，结合孙波（2009）、李艳（2004）、庞夙（2009）等学者的研究方法，本研究采用以下3个精度评价指标：①采用初始645个样点在各取样系列下，基于普通克里格与协同克里格法预测值与实测值间的均方根误差（RMSE）来衡量预测的准确性。②采用预测值与实测值之间的相关系数（R），相关系数越大预测结果越优。③采用 Costantini（1997）提出的偏差指数（DI）量化各取样数量下的全氮空间分布图与初始全氮空间分布图的相似程度，即偏差指数越小相似度越高，试从面上予以比较。

4.5.2 采样数量优化研究

各随机抽样系列的土壤全氮含量的最优半方差函数模型及其拟合参数如表4-6所示，各半方差模型拟合精度指标中，标准平均误差（MSE）在0附近微幅波动，标准均方根误差（RMSSE）在1左右微幅波动，模型拟合效果整体较好，且基于交互变量的模型拟合效果更佳。不同取样数量系列下土壤全氮的长轴方位角基本维持在同一象限内，方向趋势一致即西北–东南向，块金系数介于0.501～0.689，均表现为中等强度的空间相关性，且均具有极显著的空间自相关性（$P<$

0.01），均能维持空间结构性特征的稳定性；但识别土壤全氮的空间变异结构的程度不同，在随机抽样 70% 时，能较好地表达土壤全氮的结构性特征，从中可说明在识别本区土壤全氮含量空间变异结构性特征方面，土壤样点的优化布置可能比单纯的增加采样点的数量更为重要。各取样数量下，以土壤有机质为辅助变量的交互半方差函数较单变量变异函数更能表达更多的空间结构性特征，并在一定程度上扩大了土壤全氮的空间相关性范围，短轴自相关距离增加明显，增加了 0.70% ~12.68%，因此也在一定程度上减缓了全氮的各向异性特征。

表 4-6　长安区各取样数量下耕地土壤全氮含量的最优半方差函数及全局 Moran's *I* 指数

样本容量	变异函数	模型	方位（°）	变程（km）最大	变程（km）最小	块金系数 $C_0/(C+C_0)$	MSE	RMSSE	Moran's *I*	标准化 Z 值
90%	单变量	E	348.7	14.46	11.39	0.647	−0.0021	1.012	0.22	11.58
	交互	E	318.2	14.47	12.25	0.561	0.0001	0.99	—	—
85%	单变量	E	346.0	14.46	12.23	0.656	−0.001	1.019	0.22	10.78
	交互	E	317.8	14.47	12.67	0.575	−0.0002	0.985	—	—
80%	单变量	E	347.7	14.45	11.2	0.685	−0.0028	0.957	0.19	9.12
	交互	E	312.7	14.46	12.62	0.583	0.0011	0.965	—	—
70%	单变量	E	349.7	14.46	12.8	0.591	−0.0018	1.02	0.25	10.62
	交互	E	313.7	14.48	12.89	0.501	−0.0017	0.987	—	—

各取样数量下土壤全氮的插值精度统计如表 4-7 所示，4 个取样系列下，协同克里格法预测的精度明显高于普通克里格法，3 项精度评价指标的提高程度基本随取样数量的减少即主辅变量个数差异的增大而增大，其中以相关系数 *R* 的提高趋势最明显，以偏差指数 DI 的提高程度最大。从中也发现，样点数量的增加并不能总是提高空间预测精度，80% 样本容量时 RMSE 最大，这可能与各取样数量下土壤全氮空间变异性有关（苏晓燕等，2011）。以初始 645 个样点的全氮普通克里格插值精度为参考，即最优采样数量的精度要求：RMSE ≤0.199，*R* ≥ 0.662 和 DI ≤0.021。通过表 4-7 中各取样数量下协同克里格法的插值精度比较分析，85% 样本容量即 548 个全氮数据为最优采样数量。

表 4-7　长安区各取样数量下耕地土壤全氮含量的插值精度统计

样本容量	RMSE（g/kg）OK	RMSE（g/kg）CK	*R* OK	*R* CK	DI（g/kg）OK	DI（g/kg）CK	提高程度（%）R_{RMSE}	提高程度（%）R_R	提高程度（%）R_{DI}
90%	0.201	0.198	0.653**	0.671**	0.024	0.020	1.487	2.757	17.27

续表

样本容量	RMSE（g/kg）		R		DI（g/kg）		提高程度（%）		
	OK	CK	OK	CK	OK	CK	R_{RMSE}	R_R	R_{DI}
85%	0.202	0.199	0.641**	0.663**	0.024	0.021	1.772	3.432	13.01
80%	0.206	0.203	0.612**	0.634**	0.031	0.021	1.515	3.595	33.14
70%	0.205	0.200	0.594**	0.624**	0.032	0.024	2.473	5.051	26.41

注：R_{RMSE}、R_R、R_{DI}分别表示均方根误差 RMSE、相关系数 R 和偏差指数 DI 的精度提高程度。

　　各取样数量下的协同克里格插值图在描述土壤全氮含量空间分布规律上基本一致，呈西北和东部低、中南部高的格局。但因样本信息的不同，长轴方位、变程等的数值差异，使得各等级图斑具体形态和方向存在差异（图4-5）。随样本容量的减少，等值线逐渐减少，图斑镶嵌结构下降，等级间衔接效果差。样本容量为80%时，与图4-4相比，图形信息在东部的杜曲–大兆相接处有较明显的出

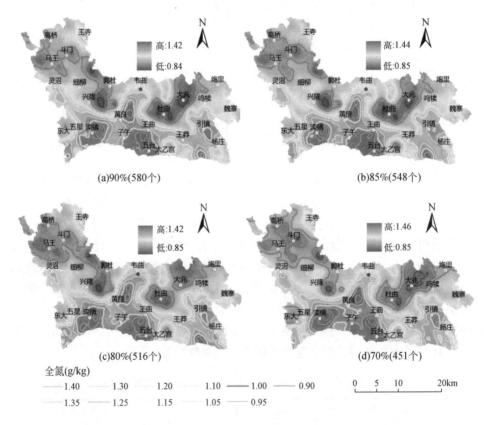

图 4-5　基于协同克里格法的各取样数量土壤全氮空间分布图

入，空间信息显著减少；当样本容量为 70% 时，局部变异信息被明显 "屏蔽"，且西北部的斗门—马王以东、南部的黄良—王曲以南和东南角的杨庄镇南部 3 个区域等值线形态差异较大。分析认为，一方面是这些部位土壤全氮与有机质相关性相对低，另一方面可能由于样点数量较少、代表性不足，致使土壤有机质与全氮的交互半方差函数难以准确判断。

综合比较分析，协同克里格法支持下，初始 85% 样本容量即 548 个，为全氮最优随机取样数。

4.6　结论与讨论

本研究以渭北台塬区农业县——蒲城县和典型的城乡交错带——长安区为例，采用地统计学和 GIS 技术相结合的方法，开展以有机质为辅助变量的协同克里格法在耕地土壤全氮空间估值及采样数量优化中的适用性研究。

在采样数量相同且丰富，主、辅变量空间结构特征及空间相关距一致时，以有机质为辅助变量的全氮协同克里格法优于单变量的全氮普通克里格法，其不仅能够构建更稳定、更准确的半方差函数，提高空间估值精度，优化采样数量，同时能提供更多的局部变异信息，但其不适用于进行栅格比值运算获取土壤碳氮比。主辅变量空间相关距的差异是影响协同克里格法应用的重要因素。

以有机质为辅助变量的协同克里格法适用于县域耕地土壤全氮的空间估值研究，以长安区为例，其取样数量减少至 85%（548 个）时仍能保持初始全部样点（645 个）中土壤全氮的空间结构特征及其插值精度。本研究中各县土壤采样数量较为丰富，样点代表性强，在一定程度上保证了普通克里格法较高的插值精度，以此为参照，限制了协同克里格法的适用性强度，可尝试进一步加大主辅变量的差异，在主变量样点数量明显不足的情况下，探讨协同克里格法的适用性。

|第5章| 土壤有机质和氮磷钾养分空间特征

5.1 引 言

土壤有机质是指存在于土壤中的所有含碳的有机物质，是土壤固相部分的重要组成部分。它是植物生长所需氮、磷、钾、微量元素等各种营养元素的主要来源，是土壤微生物生命活动的能源。它通过对土壤物理、化学和生物性质的作用影响土壤肥力特性；同时，它对重金属、农药等各种有机、无机污染物的行为具有显著的影响，对重金属离子具有较强的络合和富集能力，影响其在土壤中的固定和迁移，对有机污染物具有强烈的亲和力，影响污染物在土壤中的生物活性、残留、生物降解、迁移和蒸发等过程；再者，它是全球碳平衡过程中非常重要的碳库，对全球碳平衡起着重要作用，被认为是影响全球"温室效应"的主要因素（黄昌勇，1999）。土壤全氮是土壤中有机态氮与无机态氮的总和，代表着土壤氮素的总贮量和供氮潜力。土壤有机质与全氮含量不仅是评价土壤肥力与质量、估算土壤碳、氮储量的重要表征指标，同时也印证区域生态系统演变规律（Tiessen et al.，1994；黄昌勇，1999；张世熔等，2007；张春华等，2011；陈涛等，2013b；张世文等，2013；赵业婷等，2014b），对评估区域土壤固碳、固氮潜力，实现土壤可持续利用与发展具有重要意义（路鹏等，2005；Huang et al.，2007；Yadav and Malnson，2007；Zhang et al.，2007；张世熔等，2007；Wang et al.，2009；赵业婷等，2013a，2014a；赵明松等，2014）。两者间的耦合关系常用土壤碳氮比表示，它既是土壤质量的敏感指标，衡量土壤碳、氮营养平衡状况的指标，也是土壤氮素矿化能力和土壤有机质分解是否受土壤氮限制的重要标志（Yanai et al.，2005；Darilek et al.，2009；董凯凯等，2011；张春华等，2011；赵业婷等，2014b）。它对土壤肥力和施肥效果具有较大影响，其比值越高，说明土壤氮素含量相对降低，适当施用氮肥可增强微生物活动，促进土壤有机质的分解，提高肥效；其比值低则说明有机质分解较快，此时施肥应注意适量，否则易引起损失。

土壤速效养分是土壤所提供的植物生活所必需的易被作物吸收利用的营养元

素，其含量的高低是土壤养分供给的强度指标（杨奇勇等，2011；陈涛等，2013a；赵业婷等，2013d；李志鹏等，2014），其中土壤速效氮、有效磷和速效钾不仅是作物生长发育所必需的三大基本元素的直接来源，也是影响区域水体生态环境的重要属性，其含量对评价土壤肥力水平具有很好的表征作用，对其充分了解是土壤养分管理和合理施肥的基础（黄绍文，2001；赵军等，2005；Huang et al.，2007；王红娟，2007；杨奇勇等，2011；赵业婷等，2012，2013d；李志鹏等，2014）。作物在生长发育过程中，吸收土壤养分是按照一定比例的，开展土壤养分的比值研究可为深入平衡施肥提供有力借鉴，提升经济与生态效益（赵业婷等，2013d；李志鹏等，2014）。研究表明，土壤速效氮磷比也影响着磷肥效果，其比值>3 时，施磷肥能够得到相对稳定的增产效果（陕西省土壤普查办公室，1992）。

土壤养分是土壤制图、土壤特性解译和进行农业施肥管理的重要土壤属性（程彬等，2011）。20 世纪 80 年代全国第二次普查至今已 30 多年，人类对土壤的改造规模与强度均在不断增大、增强，为追求高产，施肥量急剧增加，势必使土壤养分关系发生较大变化，且易加剧受纳地表水体的富营养化趋势，产生环境压力。生物及人类农业生产活动增强了土壤养分的空间异质性（Samake et al.，2005；赵庚星等，2005；王栋等，2011；王锐等，2013；赵业婷等，2013d；吕真真等，2014）。研究土壤养分的空间特征，对于了解土壤的形成过程、结构特征和功能作用具有极其重要的意义（范夫静等，2014），有助于加深对土壤发育格局及其与环境因子和生态过程关系的认识（张伟等，2013）。土壤养分的空间分布特征是土壤空间异质性的具体表现。大尺度区域土壤养分空间变异和分布格局研究，是实现区域平衡施肥和精准化农业生产与管理的重要前提和理论依据。

目前，土壤养分的研究区域多集中于实验田块、典型县域、小流域等小尺度，少有的大、中区域尺度的研究中采样密度又较小，且普遍缺乏土壤养分比值的研究，有关陕西省整个关中地区土壤养分的研究未见报道。准确了解关中地区现阶段耕地土壤养分特征，对提高区域粮食生产能力及农业生态环境建设具有重要的现实意义。

本研究基于关中地区 50 个农业县的 2009～2011 年耕地地力调查与质量评价项目和测土配方施肥项目的高密度采样数据，运用经典统计学、数理统计学和地统计学方法，结合 GIS 技术，研究关中地区耕地土壤养分的空间变异性、分布特征、丰缺格局及其影响因素等，旨在充分了解关中地区耕地土壤养分现状，为区域土壤养分分区管理、精准施肥、农田生态平衡保护和测土配方施肥项目的推进提供理论依据。

5.2 基本统计特征

本节定量描述关中地区及其子区中的耕地土壤有机质和氮磷钾养分及其比值的基本统计特征、差异性及养分间的相关性等，明晰现阶段关中地区耕地土壤养分总体的含量水平、变异特征、养分平衡状况等。

5.2.1 土壤有机质及速效养分的统计特征

5.2.1.1 总体特征

由表 5-1 可知，目前关中地区耕地土壤有机质含量为 3～50.60 g/kg，平均值为 14.91 g/kg，处于陕西省第二次土壤普查有机质分级标准的第 5 级即 12～15 g/kg，整体属低水平。土壤速效养分中速效氮含量为 10～203 mg/kg，有效磷含量为 2～88.10 mg/kg，速效钾含量为 30～486 mg/kg；三者的平均值依次为69.36 mg/kg、21.43 mg/kg、169.66 mg/kg，分别处于陕西省第二次土壤普查养分分级标准的第 4、3、2 级；整体上看，土壤速效氮含量中等偏低，有效磷含量中等，速效钾含量较高。土壤速效氮和有效磷比值为 0.16～40，平均比值为4.31，整体较高，表明土壤氮、磷养分失衡现象突出。5 项土壤养分指标的变异系数处于 30%～75%，均属中等变异强度。其中，土壤速效氮磷比的变异强度（74.87%）显著高于土壤养分，土壤养分中有效磷变异强度（55.46%）最大，此与以往的研究结果一致，主要与各地磷肥施用不均，磷素本身具有固定难移的性质有关；速效氮次之，再者为速效钾，有机质的变异强度相对最弱。4种土壤养分均表现出正偏态的分布特征，进行空间统计学分析时需进行数据变换处理。

表 5-1 关中地区耕地土壤有机质及速效养分的基本统计特征

指标	样本数	最小值	最大值	平均值	标准差	偏度	峰度	变异系数（%）
有机质（OM）(g/kg)	66 039	3.00	50.60	14.91	4.53	1.12	6.67	30.39
速效氮（AN）(mg/kg)	61 780	10.00	203.00	69.36	28.72	0.94	4.47	41.41
有效磷（AP）(mg/kg)	64 280	2.00	88.10	21.43	11.89	1.17	4.69	55.46
速效钾（AK）(mg/kg)	63958	30.00	486.00	169.66	58.76	0.93	4.54	34.64
氮磷比（AN/AP）	58856	0.16	40.00	4.31	3.22	2.69	15.84	74.87

5.2.1.2　区域特征

通过地级市行政单位的统计分析可知（表5-2），关中地区土壤有机质及速效养分含量在行政区划间存在显著性的差异（$P<0.05$），差异性程度由大到小依次为：速效氮>有效磷>有机质>速效钾；渭南市和宝鸡市中土壤养分含量跨度较大，铜川市中土壤养分含量跨度相对较小。各单位中土壤养分含量均属中等变异强度，其中渭南市的有机质、速效氮和有效磷，西安市的速效钾变异强度较高；咸阳市的有机质，铜川市的速效氮和速效钾，西安市的有效磷变异强度相对较弱。分析认为，土壤养分的分布规律与区域内的自然地理特征和人为活动密切相关，不同行政区域中二者作用的程度不同，渭南市、宝鸡市的区域分布面积大，地形地貌分异明显，使土壤养分含量跨度大、整体变异性相对较强。

表 5-2　关中地区地级市行政单位耕地土壤有机质及速效养分的统计特征

指标	区域	样本数	最小值	最大值	平均值	标准差	偏度	峰度	变异系数（%）
有机质（g/kg）	西安市	13 477	3.00	46.90	16.50±0.04a	4.37	0.70	4.56	26.48
	铜川市	5 099	3.50	36.20	14.44±0.05c	3.90	0.65	4.08	27.01
	宝鸡市	12 032	3.10	47.90	16.28±0.02b	4.51	0.94	5.61	27.70
	咸阳市	19 446	4.70	32.60	13.37±0.02d	3.19	0.97	4.86	23.86
	渭南市	15 985	3.00	50.60	14.55±0.04c	5.42	1.58	7.88	37.25
速效氮（mg/kg）	西安市	12 073	14.30	168.30	69.69±0.22c	23.92	0.45	3.13	34.33
	铜川市	5 036	14.50	179.00	57.19±0.26e	19.11	0.97	5.54	33.42
	宝鸡市	11 684	14.00	203.00	86.75±0.31a	33.71	1.03	3.69	38.86
	咸阳市	18 516	10.00	189.00	59.21±0.16d	21.97	0.36	3.16	37.11
	渭南市	14 471	10.00	200.00	72.25±0.26b	30.77	0.54	3.01	42.59
有效磷（mg/kg）	西安市	13 138	2.40	84.90	23.02±0.10c	11.41	1.02	4.62	49.57
	铜川市	4 987	2.01	77.00	16.87±0.13d	9.53	1.75	8.43	56.47
	宝鸡市	11 898	2.50	88.10	23.89±0.11b	12.25	0.82	3.57	51.27
	咸阳市	18 748	2.50	87.40	24.80±0.09a	12.51	1.17	4.50	50.44
	渭南市	15 509	2.00	84.20	15.60±0.07e	8.99	1.53	6.52	57.62
速效钾（mg/kg）	西安市	13 147	31.00	475.00	151.21±0.49e	55.87	0.77	4.11	36.95
	铜川市	5 013	39.00	397.00	157.69±0.68d	48.47	1.01	3.96	30.74
	宝鸡市	11 750	30.00	486.00	169.09±0.52c	57.36	0.88	4.71	33.92
	咸阳市	18 495	45.00	473.00	176.05±0.44b	60.00	1.09	4.59	34.08
	渭南市	15 553	30.00	480.00	181.95±0.47a	59.21	0.91	4.59	32.54

续表

指标	区域	样本数	最小值	最大值	平均值	标准差	偏度	峰度	变异系数（%）
速效氮/有效磷	西安市	11 099	0.33	24.93	4.10±0.03d	2.78	1.76	8.01	67.88
	铜川市	4 874	0.34	37.33	4.30±0.04c	2.87	3.42	22.35	66.71
	宝鸡市	11 242	0.45	33.28	4.72±0.03b	3.16	2.16	11.48	67.02
	咸阳市	17 604	0.16	31.61	3.04±0.01e	1.87	2.34	16.7	62.33
	渭南市	14 037	0.34	40.00	5.73±0.04a	4.23	2.37	11.96	71.96

注：同列数据后同一养分指标中不同小写字母表示差异达5%显著水平（采用最显著差数法）。下同。

土壤养分含量在地级市行政区划间的分布规律各不相同，土壤有机质含量由高到低依次为：西安市>宝鸡市>关中地区>渭南市>铜川市>咸阳市，大致呈西、南部高，东、北部低格局，其中西安市和宝鸡市的平均含量高出关中地区及余下地市级单位1个等级，即处于第4级（15~20 g/kg）；土壤速效氮含量由高到低依次为：宝鸡市>渭南市>西安市>关中地区>咸阳市>铜川市，大致呈东、西部高，中北部低格局，其中咸阳市和铜川市的平均含量明显低于关中地区及余下地市1个等级，即处于第5级（40~60 mg/kg）；土壤有效磷含量由高到低依次为：咸阳市>宝鸡市>西安市>关中地区>铜川市>渭南市，大致呈中西部高、东部低格局，其中铜川市和渭南市的平均含量明显低于关中地区及其他地市1个等级，处于第4级（15~20 mg/kg）；土壤速效钾含量由高到低依次为：渭南市>咸阳市>关中地区>宝鸡市>铜川市>西安市，均处于第2级（150~200 mg/kg），大致呈东、北部高，西、南部低格局。由此可见，关中地区土壤养分含量东西向变异性强，北部含量整体相对较低，其中铜川市各土壤养分含量均明显低于关中地区平均水平，需加以重视。

土壤速效氮/有效磷在地级市行政区划间存在显著性差异（$P<0.05$），比值由高到低依次为：渭南市>宝鸡市>关中地区>铜川市>西安市>咸阳市，整体呈东西高、中北部低的格局，其中渭南市土壤氮、磷养分失衡现象突出，需加以重视。

5.2.1.3 不同地貌类型区差异

关中地区不同地貌类型上耕地土壤养分含量如表5-3所示。

表 5-3 关中地区地貌分区耕地土壤有机质及速效养分的统计特征

指标	地貌分区	样本数	最小值	最大值	平均值	标准差	偏度	峰度	变异系数（%）
有机质（g/kg）	渭北高原	14 602	3.10	49.50	13.85±0.03c	3.84	1.73	7.50	27.72
	关中平原	49 755	3.00	50.60	15.08±0.02b	4.53	1.09	6.42	30.06
	秦岭山地	1 682	4.00	47.90	19.04±0.15a	6.43	0.81	4.35	33.80

指标	地貌分区	样本数	最小值	最大值	平均值	标准差	偏度	峰度	变异系数（%）
速效氮 （mg/kg）	渭北高原	14 242	11.00	195.00	60.78±0.19c	22.40	1.35	6.50	36.85
	关中平原	45 931	10.00	203.00	70.86±0.14b	28.98	0.78	4.17	40.89
	秦岭山地	1 607	21.40	203.00	102.43±0.95a	38.38	0.23	2.29	37.47
有效磷 （mg/kg）	渭北高原	14 276	2.00	77.40	16.95±0.07c	8.88	1.72	8.05	52.43
	关中平原	48 363	2.00	87.40	22.68±0.06b	12.29	1.03	4.27	54.20
	秦岭山地	1 641	3.50	88.10	23.66±0.30a	12.98	0.94	3.96	54.86
速效钾 （mg/kg）	渭北高原	14 216	39.00	486.00	164.96±0.43c	51.45	1.16	5.34	31.19
	关中平原	48 096	30.00	480.00	170.98±0.28b	60.96	0.86	4.32	35.65
	秦岭山地	1 646	59.00	408.00	171.65±1.00a	49.68	0.82	4.83	28.94
速效氮 /有效磷	渭北高原	13 952	0.24	37.33	4.50±0.03b	3.03	2.96	17.75	67.36
	关中平原	43 378	0.16	40.00	4.20±0.02c	3.25	2.65	15.69	77.48
	秦岭山地	1 526	0.45	33.28	5.62±0.09a	3.73	2.31	11.25	66.36

由表 5-3 可以看出，关中地区耕地土壤养分含量自北向南随地貌类型显著增高（$P<0.05$），含量由大到小均表现为：秦岭山区>关中平原>关中地区>渭北高原，差异性程度由大到小依次表现为：速效氮>有效磷>有机质>速效钾，同行政区划间的规律一致，其中渭北高原区耕地土壤中的有机质、有效磷含量分别低于关中地区及其他地貌类型 1 个等级，秦岭山区耕地土壤中的速效氮含量高于关中地区及其他地貌类型 1 个等级。土壤速效氮/有效磷在各地貌类型间也存在显著性差异（$F=178.07$，$P<0.05$），差异性程度不及土壤养分，秦岭山区的比值显著高于关中地区及其他地貌类型区，整体呈南高北低格局。由此可见，地形地貌是影响关中地区土壤养分含量分布的重要因素。

各地貌类型区中土壤养分含量及速效氮/有效磷值均属中等变异强度，相较之下，人为活动频繁的关中平原区的养分含量极值跨度大，变异强度整体较高，其中土壤速效氮/有效磷的变异系数高达 77%；秦岭山区和渭北高原区的土壤养分含量相对集中，变异强度整体较低。由此可见，人为活动及其地理区位导向作用对土壤养分含量也发挥着重要的影响作用。

5.2.2　土壤全氮及碳氮比的统计特征

关中地区 32 个县域耕地土壤全氮及碳氮比的统计特征可知（表 5-4、图 5-1 和图 5-2），土壤全氮的含量为 0.10～2.20 g/kg，整体平均值为 0.84 g/kg，处于陕西省第二次土壤普查土壤全氮分级标准的第 5 级，属低水平。县域土壤全氮的平均含量为 0.58 ~ 1.25 g/kg，大致呈南高北低、西高东低的分布趋势。其中，杨凌、眉县、长安、高陵、兴平、耀州、韩城和凤县的平均含量高于 1.00 g/kg，以杨凌（1.21 g/kg）为最高；东部的大荔、白水、富平、澄城、合阳和宜君的平均含量低于 0.8 g/kg，以大荔县（0.59 g/kg）最低。县域土壤全氮的变异系数为 10% ~38%，均属中等变异强度，变异强度整体上低于相同样点数量的有机质，其中以临渭的变异强度（38.49%）最高、旬邑次之（36.42%），富平的最低（10.38%）。

表 5-4   关中地区 32 县级行政单位耕地土壤全氮及碳氮比的基本统计特征

指标	最小值	最大值	平均值	标准差	偏度	峰度	CV（%）
全氮（TN）(g/kg)	0.10	2.20	0.84	0.28	1.00	4.93	33.33
有机质（OM）(g/kg)	3.00	50.60	14.96	5.40	1.45	7.84	36.10
碳氮比（C/N）(OM×0.58/TN)	1.87	36.34	10.87	3.99	1.79	8.94	36.71

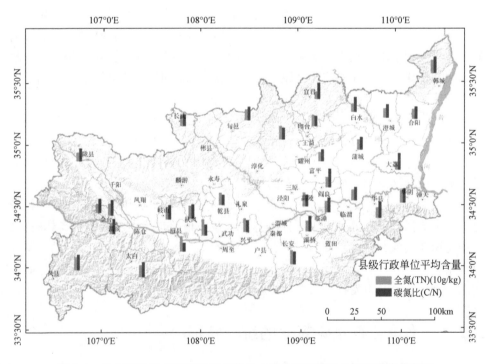

图 5-1   关中地区 32 县级行政单位耕地土壤全氮和碳氮比的平均值分布图

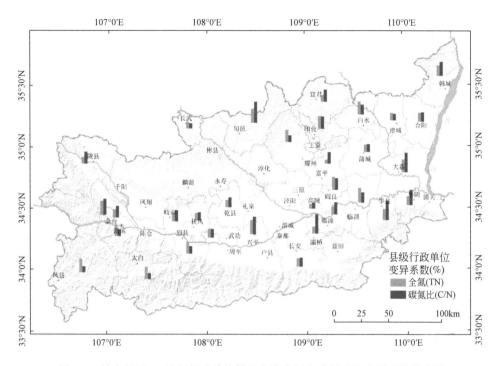

图 5-2 关中地区 32 县级行政单位耕地土壤全氮和碳氮比的变异系数分布图

土壤碳氮比普遍为 1.87 ~ 36.34，整体平均值为 10.87，略高于中国农田的平均水平（10）。县级行政单位耕地土壤平均碳氮比值为 6.88 ~ 14.50，大致呈南高北低、西高东低的分布趋势（图 5-1）。其中，以眉县的平均比值最低，适当施用氮肥可增强微生物活动，促进土壤有机质的分解，提高肥效；阎良区的平均比值最高，施用氮肥时，应注意适量，避免损失，余下县域碳氮比为 8 ~ 12。土壤碳氮比的变异系数普遍为 13.38% ~ 53.77%，属中等变异强度，变异性整体略高于土壤全氮，其中有机质与全氮相关性强的县域，如太白县（$R=0.75$）、凤县（$R=0.78$）、渭滨区（$R=0.83$）、耀州区（$R=0.80$）、白水县（$R=0.80$）和临渭区（$R=0.70$）中耕地土壤碳氮比的变异性明显低于土壤全氮（图 5-2）。

5.2.3 土壤养分间的相关性

关中地区耕地土壤有机质与土壤全氮及速效养分间均存在极显著的正相关性（$P<0.01$），其中与土壤全氮相关性最强（$R=0.530$），速效氮次之，表明土壤有机质是土壤养分的重要来源。土壤速效养分间均具有极显著的正相关关系（$P<0.01$），相较之下，土壤速效氮与速效钾的协同性较强，其与有效磷的相关性次

之，有效磷与速效钾相关性较弱。由图 5-3 可知，秦岭山区中土壤养分间的相关性以土壤速效氮与速效钾间的相关性（$R=0.111$）最弱，余下养分间的相关性明显高于其他地貌类型，其中以有机质与有效磷间的相关性最强（$R=0.384$）；关中平原区和渭北高原区中均以土壤有机质与速效氮的相关性最强，有效磷与速效钾的相关性最弱；此外，关中平原区中土壤速效氮与有效磷的相关性（$R=0.072$）明显低于其他地貌类型，从而使其速效氮/有效磷的变异系数明显高于其他地貌类型。由此可见，在自然地理差异的基础上，人为活动起着重要的影响作用（图 5-5）。

表 5-5　关中地区耕地土壤养分间的相关性统计

养分指标	全氮 （TN）	速效氮 （AN）	有效磷 （AP）	速效钾 （AK）	碳氮比 （C/N）	速效氮/有效磷 （AN/AP）
有机质（OM）	0.530**	0.318**	0.145**	0.124**	0.490**	
全氮（TN）		0.271**	0.272**	0.170**	−0.428**	
速效氮（AN）			0.136**	0.143**		0.503**
有效磷（AP）				0.082**		−0.760**

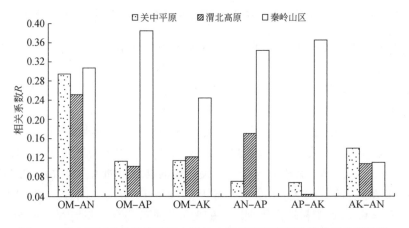

图 5-3　关中地区各地貌类型区中耕地土壤有机质及速效养分间的相关性

　　整体上看，现阶段关中地区耕地土壤有机质、全氮含量低，碳氮比偏高；速效氮含量中等偏低，有效磷含量中等，速效钾含量较高，速效氮/有效磷较高，土壤氮、磷比例失调现象突出。土壤养分及养分比值均属中等变异性，土壤速效氮/有效磷变异性最大，土壤养分中以有效磷变异性最大。土壤养分间均达到极显著的正相关关系（$P<0.01$），整体上以有机质与全氮的相关性最强，有机质与速效氮的相关性次之，有效磷与速效钾的相关性较弱。从行政区划及地貌类型区上看，土壤养分含量的差异性程度由大到小为：速效氮>有效磷>有机质>速效钾。土壤养分含量随地貌类型由北向南呈显著增加趋势，渭北高原区土壤养分含量均明显低于关中地区平均水平；土壤养分在行政区划间无明显的一致性规律，整体看铜川市土壤养分含量均明显低于关中地区平均水平，渭南市土壤氮、磷养分失衡现象尤为突出，需加以重视。

5.3 空间特征研究

传统的统计指标是反映土壤属性数据整体结构分布特征、分布趋势，很难确切地描述其空间分布特征（Facchinelli et al., 2001；李莉等，2011；常栋等，2012）。本节将地统计学方法与 GIS 技术相结合，采用半方差结构、分维数、空间自相关性分析等方法定量研究关中地区耕地土壤养分的空间结构特征；运用普通克里格法，绘制关中地区耕地土壤养分空间分布图。

5.3.1 研究方法

5.3.1.1 训练、验证样本集的选取

本研究采用随机取样法，从各土壤养分的原始数据集中随机抽取 80% 的样点作为训练样本集进行普通克里格插值，余下 20% 的样点数据作为验证样本集进行插值精度的检验。由表 5-6 可知，本研究所选取的训练样本集、验证样本集的统计特征与原始数据集中的统计特征极为相似，土壤养分平均含量均控制在 0.5% 误差范围内，且均属中等变异强度，其变异强度由大到小均表现为：有效磷>速效氮>速效钾>有机质，表明 2 组样本集均具有较好的代表性。土壤养分数据经 Box-Cox 变换后基本符合正态分布。

表 5-6 关中地区耕地土壤养分训练样本与验证样本的统计特征

指标	样本数	最小值	最大值	平均值	标准差	偏度	峰度	变异系数（%）
有机质（OM）（g/kg）	66 039	3.00	50.60	14.91	4.53	1.12	6.67	30.39
	52 832[a]	3.00	50.60	14.91	4.53	1.22	6.75	30.38
	13 207[b]	3.00	47.60	14.90	4.52	1.15	6.32	30.34

续表

指标	样本数	最小值	最大值	平均值	标准差	偏度	峰度	变异系数（%）
速效氮（AN） （mg/kg）	61 780	10.00	203.00	69.36	28.72	0.94	4.47	41.41
	49 425[a]	10.00	203.00	69.33	28.75	0.95	4.47	41.47
	12 355[b]	10.00	203.00	69.45	28.60	0.92	4.44	41.19
有效磷（AP） （mg/kg）	64 280	2.00	88.10	21.43	11.89	1.17	4.69	55.46
	51 425[a]	2.00	88.10	21.41	11.87	1.16	4.65	55.43
	12 855[b]	2.00	87.30	21.51	11.96	1.19	4.85	55.58
速效钾（AK） （mg/kg）	63 958	30.00	486.00	169.66	58.76	0.93	4.54	34.64
	51 165[a]	30.00	486.00	169.63	58.75	0.93	4.53	34.65
	12 793[b]	30.00	477.00	169.77	58.79	0.93	4.61	34.63

注：a) 表示80%训练样本数据集；b) 表示20%验证样本数据集。

5.3.1.2 插值精度评价

鉴于土壤速效氮/有效磷指标不属于区域化变量范畴，不满足克里格法应用的前提条件，本研究拟采用栅格比值运算（速效氮/有效磷，栅格为 30 m×30 m）的方法获取关中地区耕地土壤速效氮/有效磷空间分布图。因此，克里格法插值精度是获取高质量土壤养分及养分比值的关键。本书的插值精度评价选用绝对评价指标即平均绝对误差（MAE）反映预测值的实测误差范围；均方根误差（RMSE）反映样点数据的估值和极值效应；相对评价指标即平均相对误差（MRE）和相关性指标即相关系数（R）进行评价。具体计算方法详见本书第2章。

5.3.2 土壤养分空间结构特征

关中地区及地貌类型区中耕地土壤养分的最优半方差函数、分维数及空间自相关性指标见表5-7，关中地区各土壤养分的最优半方差函数图如图5-4所示。

表5-7 关中地区耕地土壤养分最优半方差理论模型及其参数和全局 Moran's I 指数

指标	模型	变程 （km）	块金值 C_0	基台值 C_0+C	块金系数 $C_0/(C+C_0)$	分维数 F_D	RSS	R^2	Moran's I	Z
OM	E	52.25	0.063	0.093	0.674	1.945	1.12E-06	0.997	0.235	541
OM-渭北	E	57.46	0.0124	0.0180	0.690	1.945	2.39E-07	0.991	0.203	151
OM-关中	E	60.00	0.180	0.265	0.679	1.942	7.65E-05	0.992	0.294	271

续表

指标	模型	变程 (km)	块金值 C_0	基台值 C_0+C	块金系数 $C_0/(C+C_0)$	分维数 F_D	RSS	R^2	Moran's I	Z
AN	E	36.10	1.278	2.493	0.513	1.911	1.23×10^{-3}	0.990	0.387	844
AN-渭北	G	49.00	0.074	0.125	0.592	1.902	3.04×10^{-5}	0.993	0.288	210
AN-关中	E	33.50	5.410	10.420	0.519	1.916	2.79×10^{-2}	0.999	0.430	550
AP	E	40.86	0.595	0.899	0.662	1.941	2.07×10^{-4}	0.997	0.328	728
AP-渭北	S	38.50	0.232	0.318	0.730	1.945	4.83×10^{-4}	0.946	0.154	109
AP-关中	E	41.00	0.953	1.390	0.686	1.947	4.15×10^{-4}	0.997	0.333	304
AK	E	32.10	0.281	0.493	0.569	1.921	3.55×10^{-4}	0.989	0.228	509
AK-渭北	S	46.80	0.003	0.004	0.750	1.956	2.03×10^{-7}	0.981	0.158	113
AK-关中	E	29.00	0.571	1.043	0.547	1.920	2.36×10^{-3}	0.985	0.284	248

注：土壤养分指标中下标中的渭北代表渭北高原区，关中代表关中平原区；E 代表指数模型，S 代表球状模型，G 代表高斯模型。

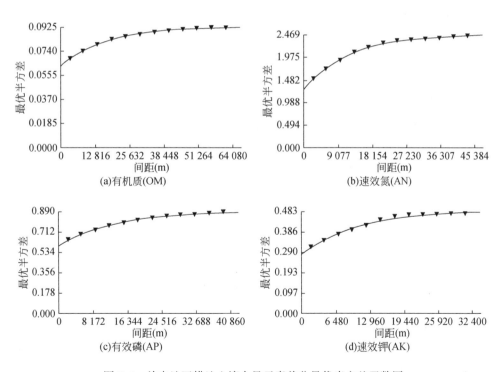

图 5-4　关中地区耕地土壤大量元素养分最优半方差函数图

5.3.2.1 半方差结构

由图 5-4 和表 5-7 可以看出，关中地区耕地各土壤养分在变程范围内的点逼近理论模型曲线，残差的标准差 RSS 接近于 0，决定系数 R^2 接近于 1，表明本研究拟合的各半方差函数具有较高的拟合精度，能较好地反映各土壤养分的空间结构特征（史文娇等，2009）。各土壤养分的变程值远大于步长值，说明该区域采样设计在克里格插值时能够较好地显示空间相关性。

关中地区及关中平原区中土壤大量元素养分的最优半方差理论模型均为指数模型，而渭北高原区土壤养分的最优半方差理论模型不尽相同，其中土壤有机质的最优半方差理论模型为指数模型，速效氮为高斯模型，有效磷和速效钾则为球状模型。从块金系数来看，关中地区及地貌分区中土壤养分的块金系数值均为 0.50~0.75，表明 4 种土壤养分均具有中等强度的空间相关性，空间变异性是受自然因素和人为因素共同作用的；从各养分块金系数值的高低看，关中地区及关中平原区均表现为有机质、有效磷>速效钾>速效氮，渭北高原区则表现为速效钾>有机质>有效磷>速效氮，且渭北高原区各土壤养分的块金系数值均高于关中平原区，表明其土壤养分的空间结构连续性表达整体不及后者，此与其地理背景较为一致。

5.3.2.2 分维数

关中地区及地貌类型区中土壤大量元素养分的分维数为 1.902~1.956，整体较高。土壤养分的空间异质性程度，关中地区由强到弱依次为：有机质>有效磷>速效钾>速效氮，渭北高原区依次为：速效钾>有效磷>有机质>速效氮，关中平原区依次为：有效磷>有机质>速效钾>速效氮。由此可见，土壤有效磷与有机质的空间异质性较高，土壤速效氮的空间异质性相对较低。地域上看，渭北高原区的土壤有机质和速效钾的空间异质性程度高于关中平原区，以土壤速效钾表现最为明显，而土壤速效氮与有效磷的空间异质性则低于关中平原区。

5.3.2.3 空间自相关性

空间自相关性指标全局 Moran's I 指数及其标准化 Z 值表明，关中地区及渭北高原、关中平原区中土壤养分均具有极显著的空间自相关性（$P<0.01$），空间聚集特征明显；其中，土壤速效氮的空间自相关性明显高于其他养分。从地域上看，渭北高原区的土壤养分空间自相关性（空间聚集特征）均明显低于关中平原区，以有效磷表现最为明显。

5.3.2.4 空间结构特征

综合上述分析，关中地区土壤养分均属中等强度的空间相关性，空间聚集特征显著。整体上，土壤速效氮空间结构性较好，土壤有机质和有效磷的空间变异性较强，土壤速效钾的空间结构特征较为复杂。地域上，渭北高原区耕地土壤养分的空间自相关性明显低于关中平原区，且土壤养分的空间结构连续性不及关中平原区，其土壤速效钾的空间异质性最强；关中平原区土壤速效氮与有效磷的空间异质性较强，此与平原区普遍重视氮、磷肥的投入，但其施肥力度随机性、差异性大的实际情况较为一致。

5.3.3 土壤养分空间分布特征

土壤养分的空间分布特征是土壤空间异质性的具体表现。为了更直观地了解关中地区耕地土壤养分的空间分布特征，本书根据所得的最优半方差理论模型及其参数进行普通克里格插值，绘制关中地区耕地各土壤养分空间分布图，插值精度详见表5-8；同时，参照20世纪80年代陕西省第二次土壤普查时期的养分分级标准，进行分等定级，统计等级面积（表5-9），并分别以市级、县级行政区划为单位绘制各级行政区划内耕地土壤养分等级面积柱状图，柱的高低代表其行政区划内耕地面积的相对大小。

表5-8　关中地区耕地土壤养分克里格插值精度

指标	训练样本					验证样本				
	n	MAE	MRE	RMSE	R	n	MAE	MRE	RMSE	R
有机质	52 832	2.51	18.15	3.45	0.651	13 207	2.65	19.32	3.63	0.596
速效氮	49 425	14.15	24.44	18.97	0.754	12 355	15.57	26.92	20.92	0.682
有效磷	51 425	6.63	20.07	9.14	0.670	12 855	6.99	21.92	9.68	0.625
速效钾	51 165	33.93	21.92	45.74	0.635	12 793	37.06	24.14	49.91	0.528

表5-9　关中地区耕地土壤养分等级面积百分比统计（%）

指标	等级								
	1	2	3	4	5	6	7	8	9
有机质	—	0.12	2.03	35.03	46.58	14.70	1.44	0.10	0.01
速效氮	0.12	1.64	8.89	54.40	26.81	8.07	0.07	—	—
有效磷	0.59	7.70	35.09	26.52	26.54	3.52	0.04	—	—
速效钾	18.96	58.23	17.79	3.83	1.17	0.02	—	—	—

5.3.3.1 有机质空间分布格局

关中地区耕地土壤有机质空间分布整体呈南高北低，西高东低格局，含量多分布于 8 ~ 30 g/kg，以 12 ~ 20 g/kg（4 ~ 5 级）为主。渭河以北地区土壤有机质含量多集中于 8 ~ 18 g/kg，其他等级多呈镶嵌状分布于其上，渭河以南地区土壤有机质含量多集中于 18 ~ 30 g/kg，且含量梯度变化较明显（图 5-5）。

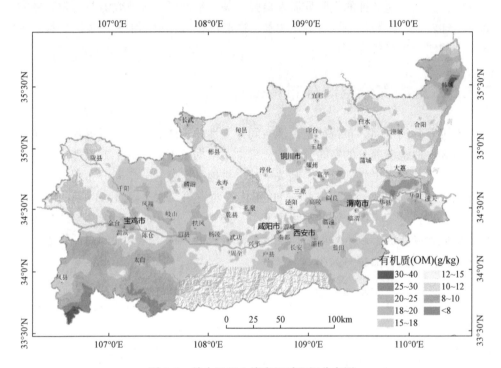

图 5-5　关中地区土壤有机质空间分布图

行政区划上，东部的渭南市土壤有机质含量跨度最大，多分布于 6 ~ 40 g/kg，以 5 级为主，4 级和 6 级也有明显分布，市域内含量整体呈中部低南北高格局；北部的铜川市土壤有机质含量多分布于 10 ~ 18 g/kg，以 4 级和 5 级为主，市域内含量呈西南高东北低格局；中北部的咸阳市土壤有机质含量多分布于 10 ~ 18 g/kg，以 5 级为主，市域内含量整体呈南高北低格局；中南部的西安市土壤有机质含量多分布于 12 ~ 25 g/kg，以 4 级为主，市域内含量整体呈东高西低、南高北低格局；西部的宝鸡市土壤有机质含量多分布于 10 ~ 40 g/kg，以 4 级和 5 级为主，市域内含量自北向南梯次增加趋势显见（图 5-6）。

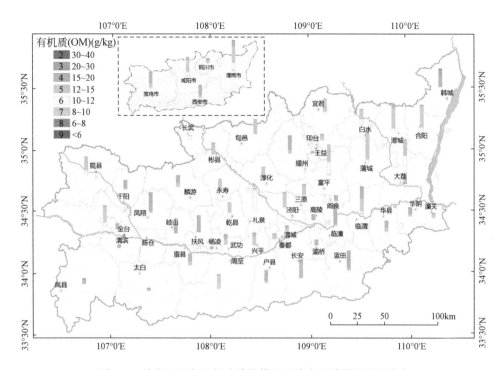

图 5-6　关中地区各级行政单位耕地土壤有机质等级面积分布

等级分布上，关中地区耕地土壤有机质等级以 5 级地分布面积最广，占关中地区总面积的 46.58%，遍布全区，主要分布于武功—兴平—渭城—泾阳—阎良—蒲城—临渭—华县一线以北地区；其次为 4 级地，面积比重为 35.03%，空间呈 4 大片状分布，即西部的麟游—扶风—杨凌一线以西至陇县—千阳—陈仓以东地区，户县—秦都—高陵—阎良—临渭—华县以南地区，中北部的耀州和王益和东北部的韩城；再者为 6 级地，其面积比重为 14.70%，空间呈散落的团块状分布，主要分布于陇县、陈仓，礼泉、长武和大荔等地；2～3 级高值区耕地，面积比重 2.55%，集中分布于南部的凤县、太白，东南部的华阴—潼关以南地区和东北部的韩城城郊地区；7～9 级低值区耕地，面积比重 0.11%，仅分布于大荔县南部地区。

5.3.3.2　速效氮空间分布格局

关中地区耕地土壤速效氮空间上整体呈南高北低，西高东低格局，含量多分布于 30～150 mg/kg，主要以 45～90 mg/kg（4～5 级）为主（图 5-7 和图 5-8）。

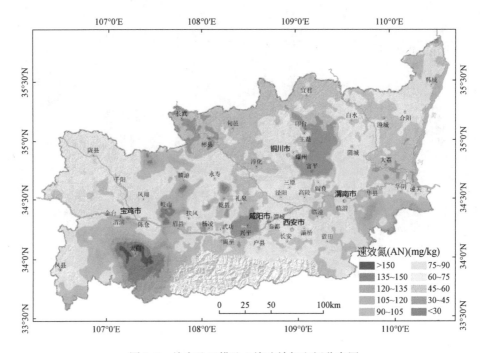

图 5-7　关中地区耕地土壤速效氮空间分布图

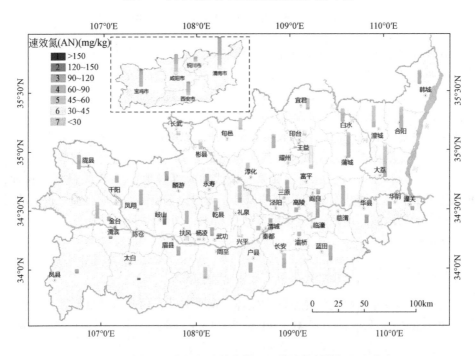

图 5-8　关中地区各级行政单位耕地土壤速效氮等级面积分布

行政区划上，东部的渭南市土壤速效氮含量跨度较大，多分布于 30 ~ 135 mg/kg，以 4 级和 5 级为主，市域内含量整体呈中部低南北高格局；北部的铜川市土壤速效氮含量多分布于 30 ~ 75 mg/kg，集中于 3 级和 4 级，市域内含量呈明显的西高东低分布格局；中北部的咸阳市土壤速效氮含量多分布于 20 ~ 105 mg/kg，以 4 级和 5 级为主，6 级地也有明显分布，市域内含量空间变异性强，整体呈南高北低格局；中南部的西安市土壤速效氮含量多分布于 45 ~ 105 mg/kg，以 5 级为主，4 级和 6 级也有明显分布，市域内含量整体呈明显的东高西低分布格局；西部的宝鸡市土壤速效氮含量多分布于 45 ~ 150 mg/kg，以 4 级为主，市域内含量自北向南梯次增加趋势显见。

等级分布上，关中地区耕地土壤速效氮等级以 4 级地分布面积最大，占关中地区耕地总面积的 54.40%，遍布于除太白县外的各级行政区划；其次为 5 级地，面积比重为 26.81%，主要分布于中北部和东部地区，即长武—彬县—旬邑—淳化—礼泉—乾县一带和宜君—澄城—合阳—大荔地区。余下等级分布面积较少，其中 1 ~ 3 级高值区耕地主要分布于西部的麟游—岐山—眉县一带及南部的太白县、华县—华阴—潼关以南地区，面积比重共计 10.65%，其中 1 级地只占 0.12%，集中分布于太白县；6 ~ 7 级低值区耕地空间多呈团块状散落分布于中北部地区，面积占比共计 8.14%，主要分布兴平、乾县、彬县、长武、富平、王益和大荔等地，其中 7 级地只占 0.07%，仅分布于乾县北部。

5.3.3.3 有效磷空间分布格局

关中地区耕地土壤有效磷空间分异较明显，呈南高北低、西高东低格局。以 5.0 mg/kg 为含量区间划分等级，有效磷在关中平原腹地多呈碎斑状分布，南北多呈片状，含量多分布于 5 ~ 50 mg/kg，主要以 10 ~ 30 mg/kg（3 ~ 5 级）为主（图 5-9 和图 5-10）。

行政区划上，东部的渭南市土壤有效磷含量较低，多分布于 5 ~ 25 mg/kg，以 4 ~ 5 级为主，市域内含量整体呈南高北低、东高西低格局；北部的铜川市土壤有效磷含量多分布于 5 ~ 30 mg/kg，以 4 级为主，市域内含量呈明显的西高东低分布格局；中北部的咸阳市土壤有效磷含量多分布于 10 ~ 50 mg/kg，以 2 ~ 4 级为主，市域内含量南北分异明显，南高北低格局；中南部的西安市土壤有效磷含量多分布于 10 ~ 40 mg/kg，以 3 级和 4 级为主，市域内含量整体呈明显的西高东低分布格局；西部的宝鸡市土壤速效氮含量多分布于 5 ~ 40 mg/kg，以 3 级为主，市域内含量自西北向东南梯次增加趋势明显。

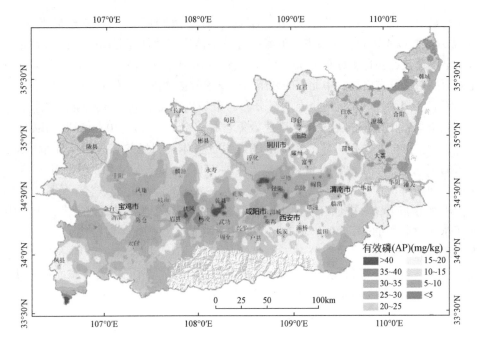

图 5-9 关中地区土壤有效磷空间分布图

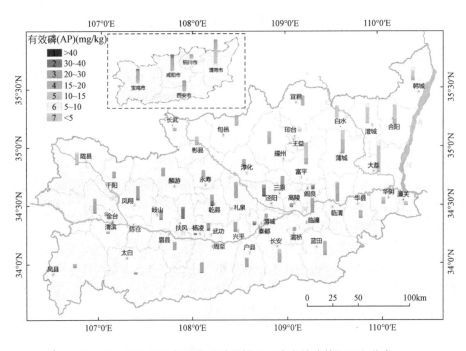

图 5-10 关中地区各级行政单位耕地土壤有效磷等级面积分布

等级分布上，关中地区耕地土壤有效磷等级以 3 级地分布面积最多，占该区耕地总面积的 35.09%，主要分布于关中平原中西部地区，即耀州—阎良—临渭一线以西至千阳—陈仓以东的地区；其次为 5 级地，面积占比为 26.54%，主要分布于渭南市富平县以东的各县区和彬县、陇县等地；再者为 4 级地，面积占比为 26.52%，主要分布于渭北高原中北部的麟游—永寿—淳化—印台一线以北地区，东南部的西安—渭南以南地区和西部的宝鸡市渭滨区、凤县等地。其余等级分布面积较少，其中 1~2 级地主要分布于中部的扶风、乾县、泾阳县等地；6~7 级低值区耕地多呈碎块状散落分布，面积共计 3.56%，主要分布于东部的大荔、澄城、白水、韩城和王益等地，其中 7 级地只占 0.04%，仅分布于大荔县。

5.3.3.4　速效钾空间分布格局

关中地区耕地土壤速效钾高低值空间交错分布，空间分布规律不明显。全区及各级行政区划中均以 150~200 mg/kg，即 2 级为本底，其他等级呈镶嵌状分布于其中（图 5-11 和图 5-12）。>200 mg/kg 的 1 级耕地占关中地区耕地总面积的 18.96%，主要分布于西部的千阳—凤翔—岐山—麟游以北地区，中部的礼泉、泾阳等地，东部的富平、印台、蒲城、合阳、韩城、华阴和华县等地；120~150 mg/kg 的 3 级耕地占关中地区耕地总面积的 17.79%，空间呈团块状，主要

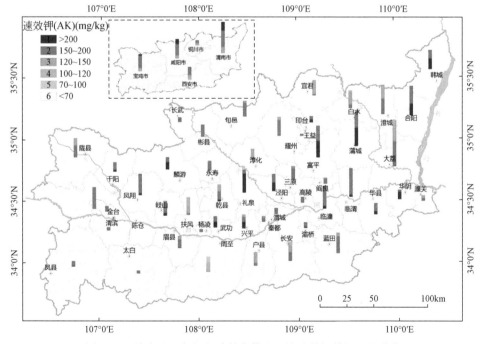

图 5-11　关中地区各级行政单位耕地土壤速效钾等级面积分布

分布于淳化、宜君、白水、大荔、陇县、扶风、户县等地。50～120 mg/kg 的 4～6 级耕地，面积比重共计 5.02%，主要分布于中部的扶风、周至、户县北部、秦都及东部的大荔县内。

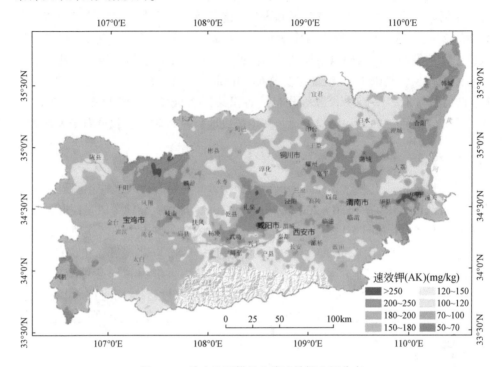

图 5-12   关中地区耕地土壤速效钾空间分布

5.3.3.5   氮磷比空间分布格局

将普通克里格法下的土壤速效氮与有效磷的插值图进行栅格比值（AN/AP）运算获得关中地区耕地土壤速效氮/有效磷空间分布图，如图 5-13 所示。通过栅格运算估测的土壤速效氮/有效磷与其样点实测值间呈极显著的正相关关系（R= 0.690，$P<0.01$），估测的均方根误差 RMSE 为 2.51，可见本书中土壤速效氮/有效磷估测精度较好，再次表明土壤养分空间插值精度较高。

关中地区耕地土壤速效氮/有效磷整体较高，空间呈明显的中部低、东西高格局。耕地土壤适宜的速效氮/有效磷为 2∶1～3∶1，分布面积占关中地区耕地总面积的 27.95%，主要分布于中部的眉县以东，乾县—淳化—耀州—富平—阎良—高陵一线以南地区，此外长武、千阳、凤翔、陈仓等地也有少量分布，这些地区施磷肥效果不稳定，需参考地块作物种类及产量等因素进行合理培肥，提高经济和生态效益。氮/磷比失调的耕地面积高达 72.05%。其中，<2 的低比值区，

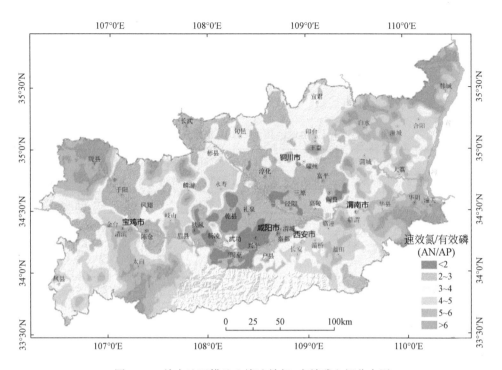

图 5-13 关中地区耕地土壤速效氮/有效磷空间分布图

分布面积仅占该区耕地总面积的 6.46%，镶嵌在 2~3 比值区域，主要分布于关中平原中部的杨凌、兴平、周至、乾县、扶风，泾阳等地，该区农业生产中施磷肥效果不佳、应着力增补氮肥、加大土壤氮素的有效补充。>3 的高比值区耕地面积比重共计 65.59%，遍布全区，其中>4 的耕地面积比重达 43.64%，主要分布于关中地区东西两端，即西部的陇县、金台、渭滨、太白、岐山、眉县和永寿等地，东部的印台—白水—蒲城—临渭一线以东地区，>6 的极高比值区主要分布在陇县、太白、白水、韩城和华县—华阴—潼关的南部，这些地区农业生产中应着重按比例增施磷肥，以期提高增产效果。

5.4　土壤养分丰缺评价

5.4.1　土壤养分丰缺指标

本书针对关中地区主要粮食作物小麦和玉米，根据关中地区各地貌类型区典型县域（渭北高原区：陇县、长武县、彬县、旬邑县、白水县、韩城市等县及县级市；关中平原区：武功县、杨凌区、泾阳县、兴平市、长安区、蓝田县、高陵县等县及县级市）的"3414"试验结果及土壤基础养分测定结果，综合相关文献资料（付莹莹等，2009；付莹莹等，2010；同延安等，2011；刘芬等，2013；赵业婷等，2013；李志鹏等，2014），结合实地调查，依作物种类分别制定渭北高原和关中平原区土壤速效氮、有效磷和速效钾的丰缺指标（表5-10）。

表5-10 关中地区耕地土壤速效养分丰缺指标

作物	丰缺等级	相对产量（%）	速效氮（mg/kg）		有效磷（mg/kg）		速效钾（mg/kg）	
			渭北高原	关中平原	渭北高原	关中平原	渭北高原	关中平原
小麦	极丰富	>95	>100	>120	>35	>40	>200	>200
	丰富	85~95	80~100	90~120	25~35	30~40	150~200	150~200
	中等	75~85	60~80	60~90	15~25	20~30	100~150	100~150
	缺乏	55~75	40~60	30~60	10~15	10~20	50~100	50~100
	极缺乏	<55	<40	<30	<10	<10	<50	<50
玉米	极丰富	>95	>100	>120	>30	>35	>200	>220
	丰富	85~95	80~100	90~120	25~35	25~35	160~200	170~220
	中等	75~85	50~80	60~90	15~25	15~25	100~160	120~170
	缺乏	55~75	30~50	30~60	10~15	10~15	60~100	70~120
	极缺乏	<55	<30	<30	<10	<10	<60	<70

注：秦岭山区耕地面积较小，其地理位置及养分含量与关中平原区较相近，因此本书中秦岭山区耕地土壤养分丰缺指标与关中平原相同。

5.4.2 土壤养分丰缺评价

基于土壤养分空间插值结果，进一步依据关中地区主要粮食作物小麦、玉米的养分丰缺指标分等定级，对比分析不同农作物耕地土壤养分丰缺状况及分布特征。丰缺统计结果如表5-11所示，各作物土壤养分丰缺格局如图5-14和图5-15所示。

表5-11 关中地区耕地土壤速效养分丰缺面积比例统计（%）

丰缺等级	速效氮		有效磷		速效钾	
	小麦	玉米	小麦	玉米	小麦	玉米
极丰富	2.21	2.21	0.61	3.12	18.96	8.26
丰富	9.55	9.55	9.13	20.70	58.23	49.27

丰缺等级	速效氮		有效磷		速效钾	
	小麦	玉米	小麦	玉米	小麦	玉米
中等	53.29	59.69	43.34	46.08	21.62	37.52
缺乏	34.65	28.48	43.35	26.54	1.19	4.92
极缺乏	0.30	0.07	3.56	3.56	—	0.02

(a)速效氮(AN)

(b)有效磷(AP)

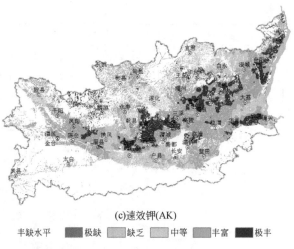

(c)速效钾(AK)

丰缺水平 ▓极缺 ░缺乏 □中等 ▒丰富 █极丰

图5-14 关中地区耕地土壤速效养分丰缺分布图（小麦）

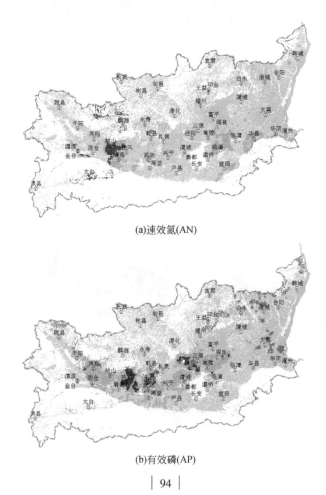

(a)速效氮(AN)

(b)有效磷(AP)

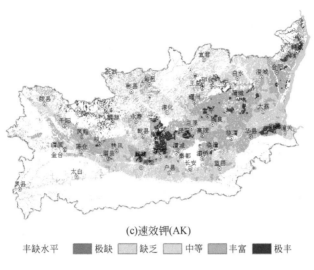

(c)速效钾(AK)

丰缺水平　■ 极缺　■ 缺乏　□ 中等　■ 丰富　■ 极丰

图 5-15　关中地区耕地土壤速效养分丰缺分布图（玉米）

通过小麦和玉米对土壤养分的丰缺状况对比分析可知，二者对土壤速效氮的需求大致相同，玉米略低于小麦，整体上均以"中等"和"缺乏"水平为主。二者的差异主要在于渭北高原区中北部的淳化、旬邑、王益和宜君，这些地区相对小麦而言是"缺乏"，对玉米是"中等"。整体上看，土壤速效氮"缺乏"区主要分布在中部的周至、兴平、礼泉、乾县、长安，东部的富平、大荔和澄城及北部的彬县和长武等地，分别占耕地总面积的 34.65% 和 28.48%；"极缺乏"区集中乾县北部，面积比重不足 0.50%；"丰富"区主要分布于眉县、扶风、麟游、太白、临潼、华县等地，面积比重为 9.55%；"极丰富"区集中在眉县—扶风—岐山—麟游一带，面积比重为 2.21%。

小麦对土壤有效磷的需求高于玉米，关中地区耕地土壤有效磷相对小麦主要是"中等"和"缺乏"，相对玉米则是"中等"、"丰富"和"缺乏"均有明显分布。二者的丰缺不同主要存在于关中平原的中部和东部，即中部的扶风、杨凌、乾县南部和泾阳，这些地区对小麦是"丰富"，对玉米则是"极丰富"；东部的长安–蓝田–灞桥–临渭一带及蒲城、合阳、韩城、华阴的部分地区和西部的凤县、渭滨和金台等地，对小麦是"缺乏"，对玉米则是"中等"。整体上，"极丰富"区零星分布于扶风、乾县和泾阳；"丰富"区主要分布于沿渭河走向的阎良—高陵—泾阳—秦都—兴平—武功—杨凌—扶风—凤翔—千阳一带；"中等"区遍布于中北部地区；"缺乏"区主要集中分布于东部的白水—印台—富平—临渭以东各县，还有陇县、彬县和长安等地；"极缺乏"区主要分布于东部的大荔、澄城、白水、韩城和王益等地。

玉米对土壤速效钾的需求整体上高于小麦，二者差异较大，但均以"中等"和"丰富"为主，小麦的丰缺格局与等级分布一致，不再赘述。玉米的"缺乏"和"极缺乏"区集中在中南部渭河两岸的河漫滩及周至和扶风，面积占比为4.94%。

5.5 影响因素分析

土壤养分空间差异是在内外因子长期共同作用下形成的。为充分了解关中地区土壤养分的影响因子及其程度，有效指导农业生产，本研究采用相关分析法和单因素方差分析法，结合 GIS 空间分析功能，定量分析土壤养分含量与土壤性质（pH、土壤类型、土壤质地），地形因子（坡度、坡向、海拔、地形位指数），地貌类型，气象因子（年均降水量、日照时数、积温）等自然因素和以样点距城区、主干道路和水系沟渠的距离为代表的人为环境变量间的关系，统计结果如表 5-12 和表 5-13 所示。

表 5-12 关中地区不同因素下耕地土壤养分的方差分析

因素	指标	有机质（g/kg）平均值±标准误	速效氮（mg/kg）平均值±标准误	有效磷（mg/kg）平均值±标准误	速效钾（mg/kg）平均值±标准误
土壤质地	砂土	13.05±0.12c	68.72±1.02bc	23.17±0.39a	135.99±1.71d
	壤土	14.81±0.04b	70.99±0.23a	19.76±0.09c	171.89±0.46a
	黏壤土	14.88±0.02b	68.60±0.13c	21.85±0.06b	169.91±0.28b
	黏土	15.45±0.13a	70.71±0.73ab	20.33±0.30c	145.91±1.04c
土壤类型	黑垆土	13.31±0.05e	58.91±0.30e	18.71±0.13d	164.44±0.72c
	褐土	15.07±0.03b	70.08±0.17c	23.46±0.07a	172.44±0.35a
	黄绵土	14.72±0.03d	68.15±0.21d	18.88±0.08d	171.14±0.43b
	新积土	14.94±0.06c	71.63±0.39b	20.74±0.15c	164.74±0.81c
	潮土	15.38±0.08a	73.02±0.51a	22.90±0.20b	158.50±1.17d
坡向	阴坡	14.94±0.04a	70.15±0.27a	21.01±0.11a	166.13±0.53c
	半阴坡	14.90±0.04a	70.17±0.25a	20.93±0.10a	168.10±0.51b
	阳坡	14.82±0.04b	68.15±0.23b	21.14±0.10a	170.45±0.48a
	半阳坡	14.81±0.02b	68.67±0.24b	21.19±0.10a	169.25±0.49ab

注：土壤养分在不同地貌类型间的差异性统计详见表 5-3。同种因素不同指标中不同字母表示差异显著（LSD 多重比较，$P<0.05$）。

表 5-13　关中地区耕地土壤养分含量与环境因子的相关性统计

指标	pH	坡度	海拔高度	地形位指数	年均降水量	积温	日照时数	$D_{城区}$	$D_{主干道路}$	$D_{水系渠道}$
有机质	-0.130**	-0.023**	-0.084**	-0.059**	0.234**	0.111**	-0.161**	-0.137**	-0.068**	-0.073**
速效氮	-0.048**	-0.038**	-0.069**	-0.058**	0.206**	0.104**	-0.173**	-0.053**	-0.019**	-0.078**
有效磷	-0.048**	-0.091**	-0.170**	-0.143**	0.103**	0.146**	-0.294**	-0.297**	-0.144**	-0.154**
速效钾	0.118**	-0.052**	-0.075**	-0.073**	—	0.082**	—	-0.002**	-0.012**	-0.054**

注：**表示 $P<0.01$ 的极显著水平。

地形地貌方面，土壤养分随地貌类型由北向南变化，分布规律基本一致，与海拔高度、坡度和地形位指数呈极显著的负相关关系（$P<0.01$），表明土壤养分含量整体随地势起伏的增大而下降，其中土壤有效磷与地形因子的相关性明显高于其他养分。在坡向上的分布规律存在明显差异，土壤有机质和速效氮分布规律基本一致，表现为阴坡含量显著高于阳坡（$P<0.05$），与连纲（2008）、黄元仿（2004）等学者的研究结果一致；土壤有效磷与速效钾分布规律大致相同，表现为阳坡含量高于阴坡，其中土壤有效磷在各坡向间差异性不显著。

气象因素方面，土壤有机质、速效氮、有效磷与气象因子均达到极显著的相关关系（$P<0.01$）。三者与年均降水量、积温呈极显著的正相关关系（$P<0.01$），与日照时数呈极显著的负相关关系（$P<0.01$）；从相关性程度上看，土壤有机质与气象因子相关性整体较高，土壤速效氮与年均降水量和日照时数间的相关性较强，土壤有效磷与日照时数和积温间的相关性较强。土壤速效钾仅与积温呈极显著的正相关关系（$P<0.01$），且相关系数不高。

土壤性质方面，各种土壤养分的分布规律存在明显差异。在土壤 pH 和土壤类型上，土壤有机质、速效氮和有效磷的分布规律大致相同，三者与 pH 呈极显著的负相关关系（$P<0.01$），三者在褐土、新积土和潮土中的含量明显高于黄绵土和黑垆土，但土类间的含量高低及差异性程度各不相同。土壤速效钾与 pH 呈极显著的正相关关系（$P<0.01$），在褐土、黄绵土中的含量显著高于其他土壤类型，潮土含量最低。在土壤质地上，土壤有机质、速效氮和速效钾的分布规律大致相同，三者在砂土中的含量显著低于其他质地（$P<0.05$），含量整体上随土壤颗粒的增大而减少，与常规结论一致（李婷等，2011；赵业婷等，2013a，2013d）；土壤有效磷则与之相反，其在砂土中的含量显著高于其他质地。

人为因素方面，各种土壤养分的分布规律一致。土壤养分均与距城区、主干道路、水系渠道的距离呈极显著的负相关关系（$P<0.01$），即近距离区土壤养分含量高、远距离区土壤养分含量低的分布规律，与李志鹏（2014）等学者的研究结果一致，表明人为活动起到积极作用。整体上看，土壤有效磷与人为因素的相关性明显高于其他养分，土壤速效钾的相关性则相对较弱。

分析认为，自然因素与人为因素间往往相互关联着并表现出一定程度的一致性和继承性特征。关中地区气象因子整体随地貌格局纵向变化特征明显，具体上，年均降水量由东北向西南增加，日照时数由西南向东北增加，积温由西北向东南增加。渭北高原区地形破碎，地形位指数高，土壤类型以黄绵土和黑垆土为主，降水少、气温高、蒸发快，日照时数多但积温低，以一年一熟制为主，土壤养分含量整体较低。中部的关中平原区，土壤类型以褐土为主，有部分黄绵土分布于台塬上，新积土和潮土分布于河谷盆地中，这些低海拔区的新积土和潮土经过长期的耕种熟化作用，积累了较丰富的有机物，且近年来耕种向莲菜等蔬菜种植转化，更加精细的耕作措施、合理的灌排和有机无机肥的及时补充，使之供肥能力较高；其东部有部分风沙土、盐碱土分布，质地砂化现象明显，土壤 pH 相对较高，养分含量普遍低；该区水热条件好，降水随地势呈明显的西高东低分布趋势，积温较高，居民点分布密集，农田基础设施配套，水系沟渠交错分布，灌溉条件良好，以一年两熟制为主，土壤肥力整体较高；但因农事活动及微地形的影响，平原区土壤养分空间团块状镶嵌结构明显，养分含量大致呈西高东低格局。南部秦岭山区，地势高，日照时数少，但水系密集，降水充沛，气温较低，土壤 pH 低，均有助于土壤有机质及养分的积累，且农事活动整体相对较少，养分间的相关性较好，此外秦岭山区的太白县主要种植白菜、甘蓝等，其对土壤氮、磷素的需求较高尤其是土壤氮素，使土壤氮素投入较多，进而使该区域土壤养分尤其是土壤速效氮含量显著高于其他地貌类型。

综上所述，关中地区人为活动如施肥、灌溉、种植模式等对土壤养分影响较大，在一定程度上模糊了土壤质地等结构性因素的影响作用。整体上，土壤有机质与速效氮空间协同性较强，在自然因素和人为因素中的分布规律基本相同，且与常规结论一致，主要受气候、地形和土壤性质等自然因素和种植模式、灌溉、施肥等人为活动共同作用。土壤有效磷随土壤质地、坡向等自然因素的分布规律与常规结论存在较大差异，而其与人为因素、海拔、地形位指数间的规律显著，结合关中地区各影响因素分布特征，认为土壤有效磷主要受人为活动及其地理区位作用影响。土壤速效钾的影响因素相对较复杂，其空间分布特征是自然因素和人为因素博弈的结果，主要受土壤类型、土壤质地、积温、地形地貌等自然因素和灌溉、施肥等人为因素的影响。

5.6　讨论与结论

本章采用经典统计学、数理统计学、地统计学与 GIS 技术相结合的方法，结合陕西省土壤养分分级标准和关中地区"3414"田间肥效试验结果，分析与研究关中地区耕地土壤有机质和氮磷钾养分的含量水平、空间结构特征、空间分布规律、养分平衡与丰缺状况及其影响因素，探明了该区土壤养分的基本状况。

目前，关中地区耕地土壤中有机质和全氮含量低，碳氮比偏高；速效氮含量中等偏低，有效磷含量中等，速效钾含量较高，速效氮/有效磷较高，土壤氮磷比例失调现象突出。具体含量为有机质 2~50.6 g/kg、全氮 0.10~2.20 g/kg、速效氮 10~203 mg/kg、有效磷 2~88.10 mg/kg、速效钾 30~486 mg/kg，平均含量分别为 14.91 g/kg、0.84 g/kg、69.36 mg/kg、21.43 mg/kg 和 169.66 mg/kg；土壤速效氮/有效磷值主要为 2~6，比例失调面积高达 72.05%。

关中地区土壤有机质和氮磷钾养分及其比值均属中等变异强度，其中速效氮/有效磷和有效磷的变异性较强，速效氮/有效磷变异系数 74.78%，有效磷变异系数 55.46%，变异系数由大到小为：有效磷>速效氮>速效钾>有机质>全氮。土壤养分间均达到极显著的正相关关系（$P<0.01$），其中有机质与全氮、速效氮的相关系数较大。各行政区划及地貌类型区内土壤养分含量的差异性程度均表现为：速效氮>有效磷>有机质>速效钾。渭北高原区土壤有机质和养分含量均明显低于关中平原区平均水平，土壤有机质和养分在行政区划间无明显的一致性规律，仅铜川市含量均明显较低，且其土壤氮、磷养分失衡现象突出。

空间特征上，关中地区耕地土壤有机质、速效氮、有效磷和速效钾均属中等强度的空间相关性，具有极显著的空间自相关性，空间聚集特征明显。关中地区全区及平原区土壤有机质和氮磷钾养分的最优半方差理论模型均为指数模型，渭北高原区土壤养分的最优半方差理论模型不尽相同，其中土壤有机质为指数模型、速效氮为高斯模型、有效磷和速效钾为球状模型。全区土壤养分的块金系数为 0.433~0.674，由大到小为：有机质>有效磷>速效钾>速效氮。分维数 1.886~1.945，由大到小为：有机质>有效磷>速效钾>速效氮。空间自相关性指标全局 Moran's I 指数 0.22~0.387，由大到小为：速效氮>有效磷>有机质>速效钾。关中地区耕地土壤中速效氮的空间结构性较好，有机质和有效磷的空间变异性较强，速效钾的空间结构特征较为复杂。地域上，渭北高原区土壤养分的块金系数值均高于关中平原区，空间自相关性均明显低于后者；渭北高原区土壤养分的空间自相关性、空间结构连续性不及关中平原区，关中平原区中土壤速效氮与有效磷的空间异质性高于渭北高原区。

关中地区土壤有机质和氮磷养分随地貌类型由北向南增加趋势明显，东西向空间变异性强、大致呈西高东低分布；土壤速效钾空间高、低值交错分布，空间结构复杂，分布规律不明显；土壤速效氮/有效磷空间分布呈明显的中部低、东西高格局。土壤有机质含量以 10~20 g/kg（4~5 级）为主，在渭河以北地区多集中于 8~18 g/kg，其他等级呈镶嵌状分布其上；渭河以南地区多集中于 18~

30 g/kg，含量南北分布梯度变化较明显。速效氮含量以 45 ~ 90 mg/kg（4 ~ 5 级）为主，空间分布呈中部低、西部和南部高格局。有效磷含量以 10 ~ 30 mg/kg（3 ~ 5 级）为主，空间分异较明显，在关中平原中部多呈碎斑状分布，南北多呈片状。速效钾高低值空间交错分布，变化规律不明显，含量以 150 ~ 200 mg/kg（2 级）为主，其他等级呈镶嵌状分布其中。

土壤养分丰缺状况上，从关中地区主导粮食作物小麦和玉米来看，耕地土壤速效氮整体上以"中等"和"缺乏"水平为主，约30%的耕地处于"缺乏"水平以下；土壤有效磷，相对小麦主要是"中等"和"缺乏"水平，46.91%的耕地处于"缺乏"水平以下，相对玉米则是"中等""丰富"和"缺乏"均有明显分布，30.10%的耕地处于"缺乏"水平以下；土壤速效钾以"中等"和"丰富"水平为主，不足5%的耕地处于"缺乏"水平以下。土壤速效氮、有效磷缺乏区主要分布于东部的富平—印台和大荔—澄城—合阳一带；速效钾缺乏区主要分布在中部的周至县及户县的河漫滩。

土壤有机质与速效氮空间协同性较强，主要受气候、地形和土壤性质等自然因素和施肥、灌溉、种植模式等人为活动共同作用。土壤有效磷主要受人为活动及其地理区位作用影响。土壤速效钾的影响因素相对较复杂，主要受土壤类型、土壤质地、积温、地形地貌等自然因素和灌溉等人为因素的作用。总体上，人为活动对关中地区尤其是关中平原区土壤养分的分布起着重要的影响作用，模糊了土壤质地等结构性因素的作用，此外空间数据的不确定性也可能是影响因子之一。

将土壤养分的空间结构特征与影响因素分析相结合发现，土壤养分尤其是土壤速效氮与有效磷，因人为施肥侧重方向与地形地貌格局大致相同，在一定程度上增强了土壤养分与地形因子的相关性，从而可能使得其空间结构性比重增加，块金系数低于土壤有机质。因此，单纯地从半方差结构的块金系数值来推算养分间的影响因素及其影响程度是不充分的，有必要进行影响因素的系统定量分析。

第6章 | 近30年土壤养分时空变化

6.1 引 言

土壤养分含量的时空变化对于探讨其在土壤中的运移和土壤的形成具有重要意义。本研究充分收集与整理20世纪80年代和21世纪10年代两个时期陕西省关中地区的耕地土壤养分数据资料，基于GIS技术的空间分析功能，分析土壤养分的时空变化特征、规律和影响因素，探讨其存在的问题，以期更好地服务于农业生产。

20世纪80年代第二次土壤普查时期GPS定位技术尚未普及，土壤采集点分布图大多是手绘，其精度多受限于制图者的专业知识及经验，空间不确定性因素较大，且因制图材质、搬迁等原因大部分资料现已损坏或丢失，无法获取关中地区整个区域的样点分布图。本研究在陕西省土肥所及各地市级、县级行政单位的土肥所（农业技术推广站）等多方的支持与配合下，充分收集与整理20世纪80年代第二次土壤普查成果统计资料、图件和文献资料等。根据收集的20世纪80年代数据资料，结合关中地区的实际情况，本研究以20世纪80年代县域为基本单元，从关中地区及各级行政区划角度进行2期（20世纪80年代和21世纪10年代）耕地土壤养分含量的时间变化分析；以21世纪10年代耕地分布图为本底，进行2期耕地土壤养分的空间等级变化分析。

6.2 时 间 变 化

关中地区及各地市级行政区划中两个时期（20世纪80年代和21世纪10年代）土壤养分含量基本统计特征如表6-1所示，县级行政区划中2期土壤养分的平均含量及其变化率如图6-1所示。

表6-1 研究区2期（20世纪80年代和21世纪10年代）耕地土壤养分统计特征

地区	指标	有机质（OM）		速效氮（AN）		有效磷（AP）		速效钾（AK）	
		20世纪80年代	21世纪10年代	20世纪80年代	21世纪10年代	20世纪80年代	21世纪10年代	20世纪80年代	21世纪10年代
西安市	N	5 128	13 478	3 701	12 073	5 120	13 139	1 933	13 152

地区	指标	有机质（OM）		速效氮（AN）		有效磷（AP）		速效钾（AK）	
		20 世纪 80 年代	21 世纪 10 年代	20 世纪 80 年代	21 世纪 10 年代	20 世纪 80 年代	21 世纪 10 年代	20 世纪 80 年代	21 世纪 10 年代
西安市	M	12.30	16.50	65.00	69.69	9.20	23.02	165.00	151.16
	S	7.00	4.37	20.00	23.92	7.90	11.41	51.00	55.91
	CV	57.30	26.49	30.84	34.33	85.97	49.58	31.18	36.98
铜川市	N	1 389	5 101	1 091	5 036	1 436	5 007	778	5 013
	M	11.30	14.44	45.00	57.19	8.10	16.81	143.00	157.69
	S	3.80	3.91	14.00	19.11	4.70	9.56	56.00	48.47
	CV	33.51	27.09	31.09	33.42	58.24	56.85	39.52	30.74
宝鸡市	N	5 099	12 181	4 381	11 905	5 040	12 059	3 591	11 891
	M	11.40	16.29	48.00	87.06	6.00	24.06	121.00	169.22
	S	2.90	4.51	16.00	35.53	4.90	12.37	51.00	57.42
	CV	26.09	27.66	32.86	40.81	81.07	51.40	42.47	33.93
咸阳市	N	6 958	19 298	5 791	18 395	6 885	18 589	4 652	18 355
	M	9.90	13.34	47.00	59.29	7.30	24.70	172.00	176.02
	S	3.10	3.17	15.00	21.90	6.70	12.44	49.00	59.98
	CV	31.97	23.74	33.02	36.93	91.13	50.38	28.84	34.08
渭南市	N	8 340	16 002	4 204	14 473	8 313	15 521	4 206	15 553
	M	10.10	14.54	41.00	72.27	6.50	15.59	176.00	181.95
	S	6.20	5.44	16.00	30.81	5.60	8.99	48.00	59.21
	CV	61.22	37.40	39.87	42.63	86.57	57.70	27.50	32.54
全区	M*	10.78	14.90	49.27	69.53	7.21	21.42	158.65	169.65

注：N 为采样点数量；M 为平均值；S 为标准差；CV 为变异系数；M* 为加权平均值。

6.2.1　土壤养分含量变化

关中地区及各地级市行政区划中土壤养分平均含量除西安市的土壤速效钾外均在增加，其中以宝鸡市增幅最大、渭南市次之；土壤养分指标中以有效磷增幅最大，高达 100% ~300%，其余养分增速由大到小为速效氮、有机质和速效钾（表 6-1）。以县域为单位，两个时期耕地土壤养分含量存在显著性差异（$P<$ 0.05），且耕地土壤养分含量整体呈明显的增加趋势，增速由高到低依次为：有效磷>速效氮>有机质>速效钾（图 6-1），与地市级单位土壤养分增速规律基本一致；同时，大中城市郊区增速水平较高，各级行政区间土壤养分的极差增大，区域差异性增强。

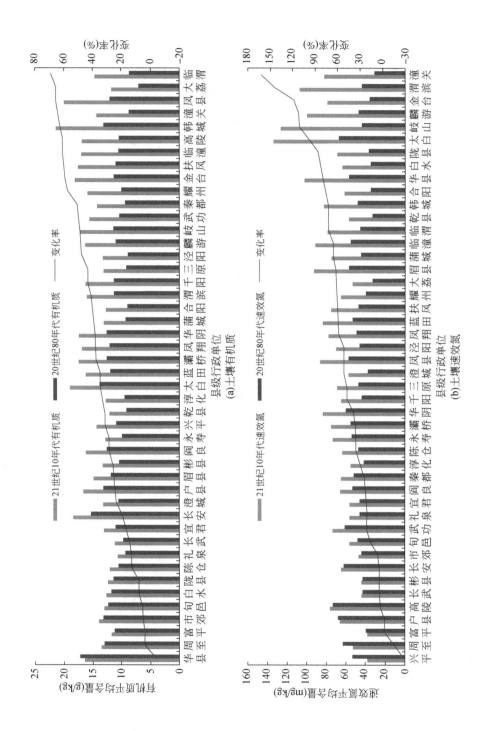

(a)土壤有机质

(b)土壤速效氮

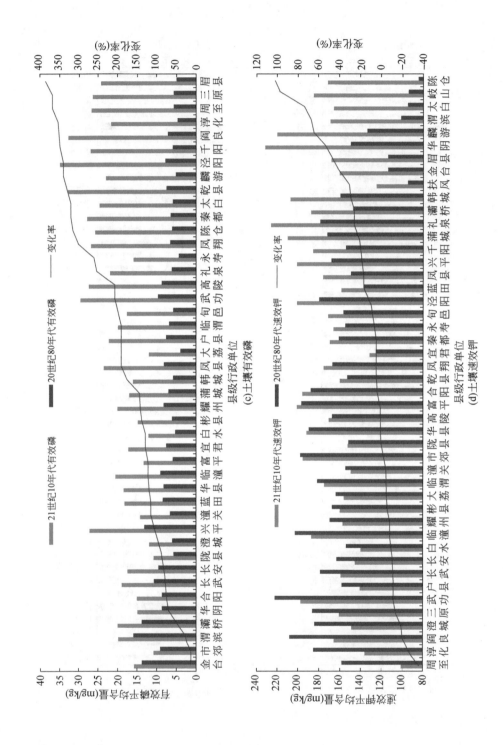

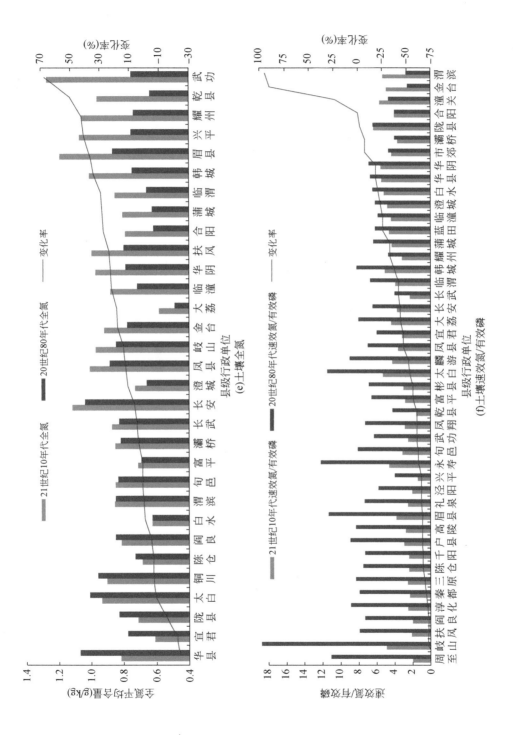

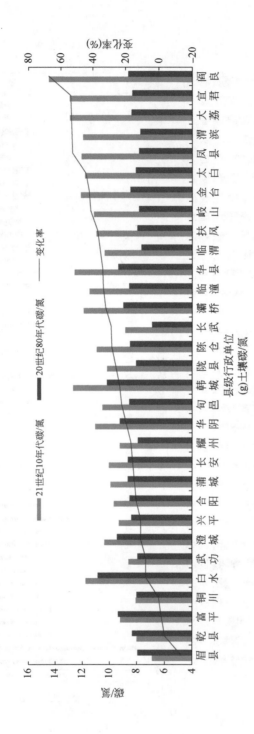

图6-1　20世纪80年代和21世纪10年代关中地区县域耕地土壤养分平均含量及变化率分布

30 年间，关中地区县域耕地土壤各养分含量的变化率与 20 世纪 80 年代含量间均呈极显著的负相关关系（$P<0.01$），即整体上均呈现出原低值区增速快、原高值区增速慢（或有所下降）的规律，其中以土壤有效磷、钾表现较为明显（图 6-1）。同时发现，县域耕地土壤有机质变化量（变化率）与全氮、速效氮的变化量（变化率）间均呈极显著的正相关关系（$P<0.01$），表明三者协同关系强，尤以土壤有机质与全氮表现最为明显。

从县域角度分析各土壤养分含量具体变化情况如下：

1）土壤有机质：20 世纪 80 年代县域耕地土壤有机质含量普遍为 8 ~ 15 g/kg，21 世纪 10 年代含量普遍为 10 ~ 20 g/kg，30 年间仅华县有机质平均含量下降了 0.75 g/kg，其余县均在增加，增量多为 1 ~ 6 g/kg，平均增量为 4.12 g/kg，增幅多在 10% ~ 60%，平均增幅 38.22%，其中以临渭、潼关、大荔、凤县增幅较大［图 6-1（a）］。

2）土壤速效氮：20 世纪 80 年代土壤速效氮含量普遍为 30 ~ 70 mg/kg，21 世纪 10 年代土壤速效氮含量普遍为 40 ~ 100 mg/kg，30 年间仅兴平、周至、富平和户县等 4 县在下降，其中兴平与周至降幅在 20% 左右，其余县均在增加，增量多在 10 ~ 40 mg/kg，平均增量为 20.26 mg/kg，增幅多在 10% ~ 90%，平均增幅为 41.12%，其中以潼关、渭滨、金台、麟游和岐山增幅较大，西部县域整体增速较快［图 6-1（b）］。

3）土壤有效磷：20 世纪 80 年代县域耕地土壤有效磷含量普遍为 3 ~ 15 mg/kg，21 世纪 10 年代含量上升到 13 ~ 35 mg/kg，30 年来各县域平均含量均在增加，增量多为 5 ~ 20 mg/kg，平均增量为 14.21 mg/kg，增幅高达 50% ~ 350%，平均增幅为 197.02%，其中以眉县、三原、周至、淳化等地增幅较大，西部县域整体增速较快［图 6-1（c）］。

4）土壤速效钾：20 世纪 80 年代县域耕地土壤速效钾含量普遍为 90 ~ 200 mg/kg，21 世纪 10 年代含量略有上升，为 100 ~ 220 mg/kg，30 年间 37%（17 个）的县域平均含量在降低，主要分布于中部的西安市郊县、武功，北部的长武、彬县、淳化等县和东部的白水、澄城和大荔等县，降幅多在 30% 以下；其余 63%（29 个）的县域平均含量均在增加，增幅多在 5% ~ 50%，其中以西部的陈仓、岐山和太白等县增幅较大［图 6-1（d）］。整体上，关中地区耕地土壤速效钾平均增加了 11 mg/kg，平均增幅为 6.93%。

5）土壤全氮：20 世纪 80 年代县域耕地土壤全氮含量普遍为 0.5 ~ 1.0 g/kg，21 世纪 10 年代含量普遍为 0.6 ~ 1.2 g/kg，调查的 32 县中华县、宜君、陇县、陈仓、铜川市郊和白水等 7 县平均含量在下降，下降量在 0.03 ~ 0.24 g/kg，其余县均在增加，增量多为 0.03 ~ 0.32 g/kg，增幅多为 10% ~ 40%，其中以武功、乾县等地增幅较大 [图 6-1 (e)]。

6.2.2 土壤养分变异性变化

两期土壤养分在各级行政区中的变异系数普遍为 10% ~ 100%，属中等变异强度。两期土壤养分指标中均以土壤有效磷的变异系数最高，且其变异系数的变化率也最大。由表 6-1 可知，30 年间地级市中土壤有机质变异系数整体在下降，土壤速效氮的变异系数略有增加，土壤有效磷变异系数均在明显降低，速效钾的变异系数变化规律不明显，其在铜川市和宝鸡市降低，在西安市、咸阳市和渭南市增加。以 20 世纪 80 年代县域为单位统计，两期耕地土壤有机质和有效磷的变异系数存在显著性差异（$P<0.05$），整体上土壤有机质、有效磷的变异系数呈显著的下降趋势，二者的变异强度分别平均下降了 10 个和 30 个百分点，土壤全氮、速效氮和速效钾的变异系数不存在显著性差异，其中土壤全氮和速效钾整体呈下降趋势，变异系数平均下降了 1 ~ 2 个百分点，土壤速效氮整体略有增加，其变异系数平均提高了 1 个百分点。30 年间，关中地区县域耕地土壤养分的平均含量整体在提高、变异系数整体在下降，含量整体向区域均匀化方向发展。

6.2.3 土壤养分比值变化

30 年间，关中地区土壤有效磷的增速整体明显高于速效氮，使土壤速效氮/有效磷普遍在下降。20 世纪 80 年代县级行政区耕地土壤速效氮/有效磷多为 3 ~ 10，21 世纪 10 年代县域土壤速效氮/有效磷普遍降低至 1 ~ 6，两期比值存在显著性差异（$P<0.05$），表明 30 年来耕地土壤速效氮/有效磷比呈显著的下降趋势。此外，两期县级行政区耕地土壤速效氮/有效磷值的变化量与 20 世纪 80 年代的速效氮/有效磷间存在极显著的负相关关系（$P<0.01$），且通过图 6-1 (f)发现，原高比值区如周至、岐山等县的速效氮/有效磷现多处于低值区，原低比值区如渭滨、金台等县的速效氮/有效磷在增加，现多处于较高比值区，表明 30 年间关中地区耕地土壤速效氮/有效磷的变化呈原高比值区下降快、原低比值变化慢，比值高、低趋势发生逆转。

30 年间，关中地区土壤有机质含量的增速普遍高于全氮，使得土壤碳/氮整体在提高。20 世纪 80 年代县域耕地土壤碳/氮多为 7 ~ 11，21 世纪 10 年代土壤碳/氮多为 8 ~ 12 [图 6-1 (g)]。两期间县域耕地土壤碳/氮存在显著性差异（$P<0.05$），表明 30 年间耕地土壤碳/氮整体呈明显的增加趋势，且呈现出原低比值区增速快、原高比值区增速慢或下降的变化趋势。

6.3 空间等级变化

　　依据20世纪80年代陕西省第二次土壤普查时期土壤养分含量的分级标准，以21世纪10年代耕地分布图为本底，绘制20世纪80年代和21世纪10年代关中地区两期耕地土壤养分含量等级图（图6-2～图6-5），通过叠置分析，统计30年间关中地区耕地土壤养分等级面积变化（表6-2～表6-5），分析其变化规律。

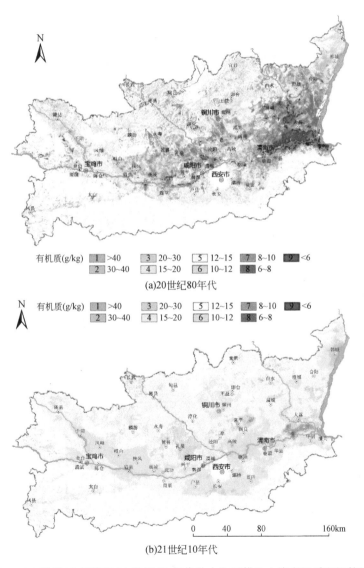

图6-2　20世纪80年代和21世纪10年代关中地区耕地土壤有机质空间等级图

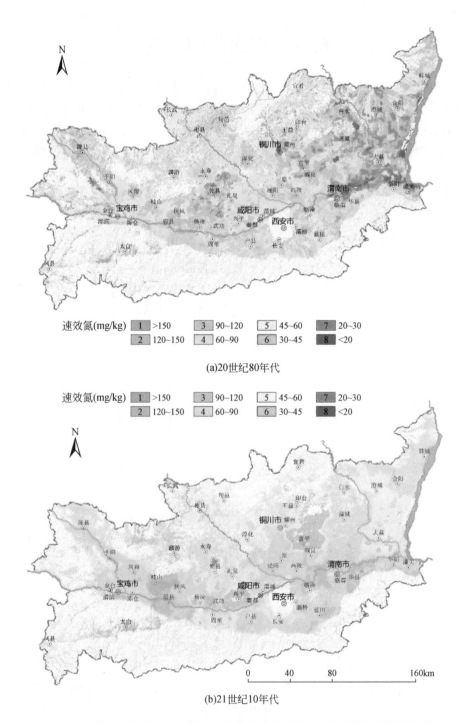

图 6-3　20 世纪 80 年代和 21 世纪 10 年代关中地区耕地土壤速效氮空间等级图

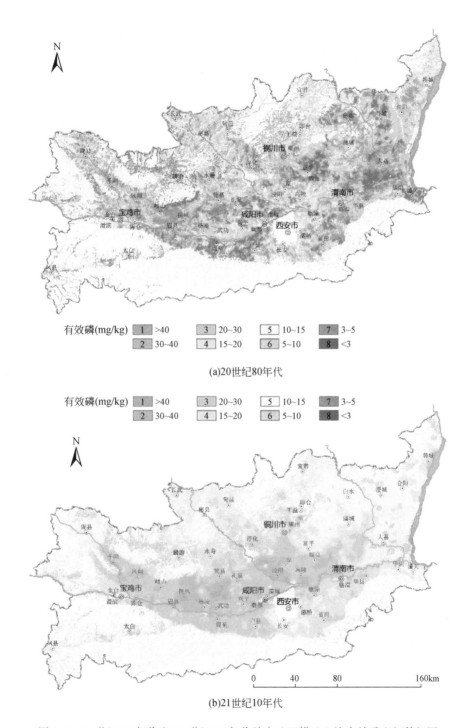

图6-4 20世纪80年代和21世纪10年代关中地区耕地土壤有效磷空间等级图

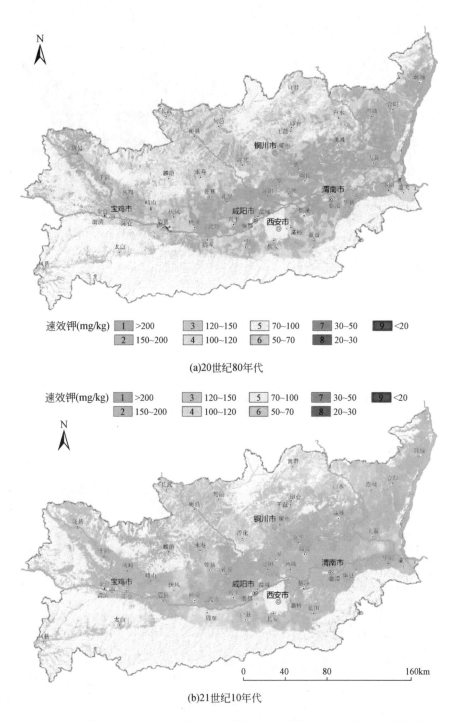

图6-5　20世纪80年代和21世纪10年代关中地区耕地土壤速效钾空间等级图

表 6-2 关中地区两期（20 世纪 80 年代和 21 世纪 10 年代）耕地土壤有机质等级面积统计

（单位：km^2）

项目		21 世纪 10 年代等级								20 世纪 80 年代合计	等级变化	
		2	3	4	5	6	7	8	9		提升	下降
20 世纪 80 年代等级	1	1.18	10.56	43.72	24.53	2.75	—	—	—	82.75	—	82.75
	2	0.63	19.15	156.46	215.17	78.57	0.09	—	—	470.06	—	469.43
	3	3.72	77.81	507.54	714.80	146.76	1.29	—	—	1 451.92	3.72	1 370.39
	4	9.08	83.49	419.69	315.46	67.53	1.26	—	—	896.51	92.57	384.24
	5	8.81	149.78	1 737.61	1 271.32	220.28	1.73	—	—	3 389.53	1 896.21	222.00
	6	2.70	66.15	2 666.96	2 657.63	615.99	19.27	—	—	6 028.69	5 393.43	19.27
	7	0.06	20.88	1 525.63	3 086.20	1 138.27	31.65	—	—	5 802.69	5 771.04	—
	8	—	6.39	379.33	1 361.37	598.21	78.10	11.18	1.58	2 436.16	2 423.41	1.58
	9	0.05	0.38	80.02	347.50	285.55	175.89	9.24	0.51	899.15	898.64	—
21 世纪 10 年代合计		26.23	434.60	7 516.97	9 993.98	3 153.90	309.27	20.42	2.08	21 457.45	16 479.01	2 549.66

表 6-3 关中地区两期（20 世纪 80 年代和 21 世纪 10 年代）耕地土壤速效氮等级面积统计

（单位：km^2）

项目		21 世纪 10 年代等级							20 世纪 80 年代合计	等级变化	
		1	2	3	4	5	6	7		提升	下降
20 世纪 80 年代等级	1	7.27	20.14	19.57	37.52	4.19	1.23	—	89.92	—	82.65
	2	0.17	2.54	18.56	156.35	48.37	10.84	—	236.82	0.17	234.12
	3	1.10	48.47	223.77	758.06	78.15	42.75	0.33	1 152.62	49.57	879.29
	4	2.87	47.62	433.61	2 149.67	872.42	255.88	—	3 762.06	484.09	1 128.30
	5	5.86	154.88	613.54	2 998.66	1 104.45	394.41	0.13	5 271.93	3 772.94	394.54
	6	8.03	78.18	504.78	4 156.13	2 471.99	786.25	7.08	8 012.44	7 219.11	7.08
	7	—	—	55.91	1 107.53	967.05	216.82	3.87	2 351.18	2 347.30	—
	8	—	—	37.61	309.66	206.38	23.41	3.40	580.47	580.47	
21 世纪 10 年代合计		25.29	351.83	1 907.34	11 673.58	5 753.00	1 731.58	14.82	21 457.45	14 453.65	2 725.98

表6-4　关中地区两期（20世纪80年代和21世纪10年代）耕地土壤有效磷等级面积统计

（单位：km^2）

项目		21世纪10年代等级							20世纪80年代合计	等级变化	
		1	2	3	4	5	6	7		提升	下降
20世纪80年代等级	1	—	0.73	3.48	10.80	3.18	—	—	18.19	—	18.19
	2	—		1.32	3.49	6.63		—	11.43		11.43
	3	0.58	24.50	124.62	73.47	43.21	4.48	—	270.86	25.08	118.45
	4	1.63	49.54	205.52	132.10	111.03	33.36	—	533.18	256.69	144.39
	5	6.35	182.36	813.78	404.20	374.97	49.41	—	1 831.06	1 406.69	49.41
	6	40.19	762.61	3 024.75	2 914.32	2 667.58	313.90	7.40	9 730.75	9 409.44	7.40
	7	56.33	465.46	2 170.88	1 601.94	1 626.16	218.39	1.61	6 140.77	6 139.16	—
	8	21.82	167.00	1 184.93	549.72	861.66	136.08	—	2 921.22	2 921.22	—
21世纪10年代合计		126.89	1 652.20	7 529.27	5 690.03	5 694.42	755.63	9.01	21 457.45	20 158.288	349.27

表6-5　关中地区两期（20世纪80年代和21世纪10年代）耕地土壤速效钾等级面积统计

（单位：km^2）

项目		21世纪10年代等级						20世纪80年代合计	等级变化	
		1	2	3	4	5	6		提升	下降
20世纪80年代等级	1	1 629.06	2 971.58	583.91	88.62	40.75	—	5 313.92	—	3 684.85
	2	1 384.39	4 613.22	1 194.03	253.09	48.58	—	7 493.31	1 384.39	1 495.69
	3	80.35	585.30	121.55	59.24	4.52	—	850.96	665.65	63.76
	4	811.35	3 326.11	1 442.40	286.89	114.29	2.90	5 983.94	5 579.87	117.19
	5	134.93	675.03	307.61	77.43	38.06	2.27	1 235.33	1 194.99	2.27
	6	15.72	211.30	119.32	54.97	4.80	—	406.10	406.10	—
	7	5.87	95.62	42.40	1.21	—	—	145.10	145.10	—
	8	2.07	9.91	5.77	0.08	—	—	17.83	17.83	—
	9	3.97	6.56	0.45	—	—	—	10.97	10.98	—
21世纪10年代合计		4 067.71	12 494.62	3 817.43	821.52	250.99	5.18	21 457.45	9 404.91	5 363.76

　　通过关中地区各土壤养分两期等级图的对比分析可直观看出，30年间土壤养分均呈现出原低值区含量普遍提高且增速较快，原高值区含量呈下降或增速较慢的趋势，等级由两端向中间等级靠拢；20世纪80年代土壤养分的空间等级镶

嵌结构较突出，等级空间变异性较强，而 21 世纪 10 年代土壤养分的空间等级区域化分异明显，且多与行政区划、地貌类型相一致。整体看来，30 年的发展，关中地区耕地土壤养分整体向区域均匀化方向发展，与上述的统计特征一致。

关中地区各土壤养分的具体空间等级变化分述如下。

6.3.1　有机质空间等级变化

关中地区 20 世纪 80 年代和 21 世纪 10 年代两期耕地土壤有机质含量整体上均呈西高东低的空间分布格局。20 世纪 80 年代耕地土壤有机质含量多分布于 5~8 级即 6~15 g/kg，主要集中于 6 级和 7 级即 8~12 g/kg，分别占关中地区耕地总面积的 28.10% 和 27.04%。经过 30 年的发展，21 世纪 10 年代耕地土壤有机质含量多分布于 4~6 级即 10~20 g/kg，主要集中于 5 级和 4 级即 12~20 g/kg，分别占关中地区耕地总面积的 46.58% 和 35.03%。

将两个时期的等级图进行叠加分析可知，30 年间，关中地区 76.80% 耕地土壤有机质等级提升，11.32% 耕地等级不变，11.88% 耕地等级下降。等级提升的地块主要位于原 5~9 级地中，其中原 8~9 级地提速最快，一般提升至 5~6 级，主要分布于东部的大荔、合阳、蒲城、临渭等地和中部的泾阳、礼泉等地；原 6~7 级普遍提高至 4~5 级，该类耕地面积最多，遍布全区，较集中分布于关中平原腹地各县和渭北高原的彬县、旬邑、宜君、淳化等县；再者，原 5 级地中 51.26% 提升至 4 级，主要分布于关中平原南部和西部各县即蓝田、长安、户县、眉县、凤翔、千阳等地。等级不变的地区主要位于原 4~5 级地中，空间呈散落状分布，较多分布于陈仓、陇县、眉县、周至、兴平、富平、白水等地。等级下降的区域主要位于原 1~3 级地中，普遍下降至 4~5 级，大部分位于渭北高原区和秦岭山区的凤县、太白县内。

由此可见，30 年间关中地区耕地土壤有机质含量原高值区（1~3 级）明显下降，原低值区（8~9 级）含量显著提高，等级由两端向中部的 4~5 级集中；土壤有机质含量纵向变化趋势更为明显，中部的关中平原区增速水平整体明显高于渭北高原与秦岭山区。

6.3.2　速效氮空间等级变化

关中地区 20 世纪 80 年代和 21 世纪 10 年代两期耕地土壤速效氮含量空间分布规律不明显，大致上均呈西高东低、南高北低格局。20 世纪 80 年代关中地区耕地土壤速效氮等级跨度大，含量多分布于 4~7 级即 20~90 mg/kg，主要集中于

5 级和 6 级即 30~60 mg/kg，其分布面积分别占关中地区耕地总面积的 24.57% 和 37.34%。经过 30 年的发展，21 世纪 10 年代耕地土壤速效氮含量多集中于 4 级和 5 级即 45~90 mg/kg，分别占关中地区耕地总面积的 54.40% 和 26.81%。

将两个时期的等级图进行叠加分析可知，30 年间，关中地区 67.36% 耕地土壤速效氮等级提升，12.70% 耕地等级不变，19.94% 耕地等级下降。等级提升的地块主要位于原 5~8 级地中，该类耕地普遍提升至 4~5 级，其中原 7~8 级地提速最快，主要分布于东部的大荔、合阳、蒲城、临渭、白水、澄城等县内，中部的乾县-礼泉以及渭河中游的河漫滩地；原 6 级地中 51.87% 提升至 4 级，30.85% 耕地提升至 5 级，占等级提升的耕地总面积的 49.95%，遍布于区中部和北部地区，其中中部渭河干流两岸的县域多提升至 4 级，东部的大荔、澄城等县和北部的长武、彬县、旬邑和淳化等县多提升至 5 级；原 5 级地中 56.88% 提升至 4 级，占等级提升的耕地总面积的 26.10%，主要分布在关中平原的三原、泾阳、秦都、扶风、凤翔等地。等级不变的地区主要位于原 4~5 级中，占等级不变的耕地总面积的 88.84%，空间分布零散，较多分布于长武、彬县、耀州、礼泉、高陵、户县、武功等地。等级下降的区域主要位于原 1~5 级中，其中 1~3 级普遍下降至 4 级，主要呈碎斑状分布于永寿、麟游、陇县、陈仓、渭滨、凤县和太白等地，占等级下降耕地总面积的 43.87%；此外，原 4 级地中 23.19% 降至 5 级，原 5 级地中 7.48% 降至 6 级以下，二者分别占等级下降耕地总面积的 41.39% 和 14.47%，主要分布在周至、兴平、宜君、礼泉和户县等地。

由此可见，30 年间关中地区耕地速效氮等级向中部的 4~5 级靠拢，在东部和西部增速较高，中部的周至、兴平等局部县级行政区含量明显下降，关中平原区整体增速仍然较高。

6.3.3 有效磷空间等级变化

关中地区 20 世纪 80 年代和 21 世纪 10 年代两期耕地土壤有效磷含量空间分布差异较大。20 世纪 80 年代关中地区耕地土壤有效磷含量分异大，多分布于 5~8 级即 <20 mg/kg，主要集中于 6 级和 7 级即 3~10 mg/kg，分别占关中地区耕地总面积的 45.35% 和 28.62%。经过 30 年的发展，21 世纪 10 年代耕地土壤有效磷含量主要集中于 3~5 级即 10~30 g/kg，分别占关中地区耕地总面积的 35.09%、26.52% 和 26.54%。

将两个时期的等级图进行叠加分析可知，30 年间，关中地区 93.95% 耕地土壤有效磷等级提升，只有不到 7% 的耕地土壤有效磷等级不变或略有下降。20 世纪 80 年代原各等级均向 3~5 级靠拢。等级提升的地块遍布全区，其中原 7~8

级地提速较快，广泛分布于关中平原中西部渭河干流两侧和渭北高原的耀州、淳化、长武和麟游等县。等级不变的地区，零星分布于区东部的大荔、澄城、白水和铜川市郊区等地。等级下降的地区集中在原 1~4 级中，空间呈碎斑状分布在韩城、大荔、长安和陇县。

由此可见，30 年间关中地区耕地土壤有效磷显著提高，增速呈明显的西高东低格局。

6.3.4 速效钾空间等级变化

关中地区 20 世纪 80 年代和 21 世纪 10 年代两期耕地土壤速效钾空间等级分布均以>150 mg/kg（1~2 级）为本底，含量较高。相较之下，20 世纪 80 年代土壤速效钾等级交错现象较明显，1 级和 2 级耕地分别占耕地总面积的 24.76% 和 34.92%；而 21 世纪 10 年代时期土壤速效钾等级的空间区域均匀化特征明显，主要集中于 2 级，其分布面积占关中地区耕地总面积的 58.23%。30 年间，关中地区耕地土壤速效钾等级原 1 级大部分降至 2 级，原 2 级整体不变，原 3~9 级普遍提升至 2~3 级，其中以 2 级为主，等级整体由两端向 2 级靠拢。

将两个时期的等级图进行叠加分析可知，30 年间，关中地区 43.83% 耕地土壤速效钾等级提升，25% 耕地等级不变，31.17% 耕地等级下降。等级提升的区域遍布全区，主要分布于区西部和北部地区，其中以西部的眉县—扶风—岐山一带提速较快。等级不变的区域，主要分布于关中平原中东部的合阳—蒲城—临渭—富平—三原—泾阳—武功一带和西部的凤翔和千阳等地，此外，还分布于渭北高原区中北部的长武、彬县、旬邑、永寿等地和东部的韩城市。等级下降的区域主要分布于关中平原中东部地区即东部的澄城—大荔—阎良—临潼—三原和中部的西安市郊县—武功—乾县—扶风等地，渭北地区的陇县、淳化和宜君等地，其中以中部的周至县及其周边地区下降最快。

整体上看，关中地区耕地土壤速效钾含量变化复杂，含量增高与下降区域交错分布，整体呈升高趋势，增速呈西部高、东部低或下降趋势，从而使得现今呈东、西部含量基本持平的格局。

6.4 土壤类型间的变化

关中地区土壤类型空间多呈东西条带状分布，两个时期土壤类型数据的可比性难以考量，本研究在此着重分析关中地区两个时期土壤养分在 5 种主要耕种土壤类型间的分布规律及其变化规律（表 6-6）。

表 6-6 关中地区主要耕种土壤两期（20 世纪 80 年代和 21 世纪 10 年代）土壤养分平均含量的统计

土壤类型	有机质（g/kg）		速效氮（mg/kg）		有效磷（mg/kg）		速效钾（mg/kg）	
	20 世纪 80 年代	21 世纪 10 年代	20 世纪 80 年代	21 世纪 10 年代	20 世纪 80 年代	21 世纪 10 年代	20 世纪 80 年代	21 世纪 10 年代
黑垆土	10.27	13.31	44.02	58.91	6.69	18.71	171.14	164.44
褐土	10.50	15.07	51.57	70.08	6.87	23.46	173.33	172.44
黄绵土	10.24	14.72	44.42	68.15	7.05	18.88	165.42	171.14
新积土	10.85	14.94	63.20	71.63	8.34	20.74	173.85	164.74
潮土	10.51	15.38	53.82	73.02	8.18	22.90	161.70	158.50

注：20 世纪 80 年代数据是通过《陕西省第二次土壤普查数据集》中的各地级市单位数据加权平均获取。

土壤有机质含量在 20 世纪 80 年代时期为新积土>潮土>褐土>黑垆土>黄绵土，21 世纪 10 年代时期为潮土>褐土>新积土>黄绵土>黑垆土，分布规律大致相同；全氮在 20 世纪 80 年代时期为新积土>潮土>褐土>黄绵土>黑垆土，21 世纪 10 年代时期为潮土>新积土>褐土>黄绵土>黑垆土，分布规律基本一致；有效磷在 20 世纪 80 年代时期为新积土>潮土>黄绵土>褐土>黑垆土，21 世纪 10 年代时期为褐土>潮土>新积土>黄绵土>黑垆土，褐土提速明显，余下土类分布规律基本一致即新积土、潮土明显高于黄绵土和黑垆土；速效钾在 20 世纪 80 年代时期为新积土>褐土>黑垆土>黄绵土>潮土，21 世纪 10 年代时期为褐土>黄绵土>新积土>黑垆土>潮土，分布规律差异相对较大，但均以潮土含量最低，整体上黑垆土、新积土下降较为明显，黄绵土的增加明显。

综合分析可知，两期土壤有机质、速效氮和有效磷的分布规律大致相同，即新积土、潮土和褐土的含量较高，黑垆土和黄绵土的含量较低；速效钾的变异性增大。同时，两期土壤类型间养分含量的极差增大。

6.5 讨论与结论

30 年间，关中地区耕地面积下降了约 20%，主要转向林地、建设用地等土地用途，变更的土地较多分布于秦岭山区和城镇周围，其他土地用途转向耕地的面积很少，基本可忽略不计。20 世纪 90 年代起实施的退耕还林政策，将水土流失严重的坡耕地或土壤质量差的耕地，停止耕种、还林，从而使得在进行两期（20 世纪 80 年代和 21 世纪 10 年代）养分变化分析时，华县、太白等相关县级行政区的土壤养分（尤其是有机质）统计特征与空间等级变化结果存在较大差异。

20 世纪 80 年代土壤养分的统计数据在土地变更区域存在的不足，以 2010 年耕地分布图为本底的空间等级图可在一定范围内加以纠正；而空间等级图受制图方法、制图尺度限制，存在区域性概括，统计资料可在一定程度上提高精度，给予补充。因此，本研究采用统计特征与空间等级变化相结合的方式进行时空变化分析，研究结果更为客观、真实。

6.5.1　时空变化规律

30 年间，关中地区耕地土壤大量养分含量整体上有不同程度的提高，其增速水平由大到小依次为：有效磷>速效氮>有机质>全氮>速效钾；土壤养分比值中速效氮/磷呈下降趋势，且高、低比值区发生逆转，土壤碳/氮呈上升趋势；土壤养分的变异系数多呈下降趋势。耕地土壤养分的初始值显著影响着土壤养分的演变，土壤养分总体上均呈原高值区增速慢或略有下降、原低值区增速快的变化规律，等级由两端向中部等级靠拢，含量整体向区域均匀化方向发展，与张春华等（2011）、李志鹏等（2014）、赵明松等（2014）等学者的研究结果一致。同时，土壤类型及各级行政区划间的土壤养分的差异性增大。

6.5.2　时空变化因素

已有研究表明，施肥、土地利用方式的转换、秸秆还田、轮作制度等农业耕作措施是土壤养分时空变化的主要原因（李恋卿和潘根兴，1999；Fischer et al.，2002；孔祥斌等，2003；Raiesi，2006；Karlen et al.，2006；胡克林等，2006；马俊永等，2006；Hu et al.，2007；Huang et al.，2007；聂胜委等，2012；赵广帅等，2012；陈涛等，2013a；赵明松等，2014）。

30 年间，关中地区农用化肥的投入量剧增，化肥施用量普遍增加了 2~5 倍 [图 6-6 和图 6-7（a）]，在一定程度上模糊了结构性因素的差异。化肥中以氮肥与磷肥为主，使得土壤有效磷、氮含量普遍提高，其中磷肥的投入比重最大，且磷肥具有易固定等特性，使得土壤有效磷含量显著提高且变异性较强。县级行政单位是我国行政管理的基层实践单位，往往同一县域内的培肥模式大致相同，而不同行政区划间施肥模式、力度不一，长此以往，使得土壤养分含量空间分布呈区域性特征，多与行政区划相一致，如 21 世纪 10 年代时期兴平和富平的速效氮等。与此同时，家庭联产承包责任制的农田管理模式，使当前农业生产管理仍是以农户为单位的分散经营模式。农户施肥的侧重方向也影响着土壤养分的变化。空间分布上，中部的平原区平均单位面积化肥施用量是渭北高原的 2~4 倍，并呈现出明显的中西部高、东部低的格局,与土壤养分含量分布及变化趋势大致相同。此外,种植模式也引导着施肥力度的变化,城市郊区及秦岭山区的太白等地以蔬菜种植为主,农户精耕细作,普遍注重肥料的投入,使土壤养分含量得到较大提高。由此可见,人为施肥力度及其侧重方向是影响关中地区土壤养分含量时空变化的重要因素。

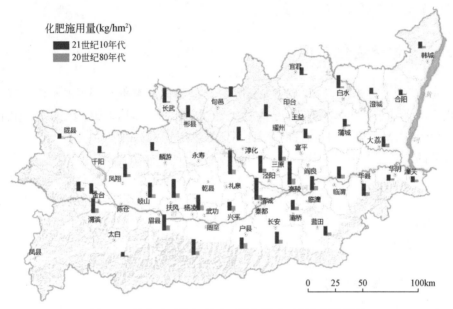

图 6-6 关中地区县级行政区单位耕地面积化肥施用量

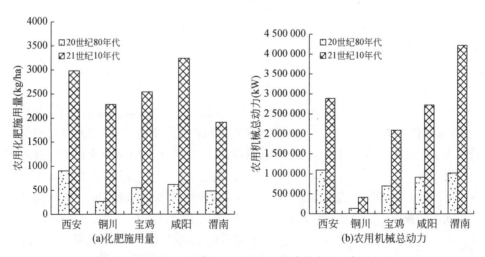

图 6-7 20 世纪 80 年代和 21 世纪 10 年代关中地区各地级市
农用化肥施用量、农用机械总动力统计

30年间，关中地区复种指数与粮食产量的增加（图6-8），使根系和残茬的生物量随之增加，加之大力推广秸秆还田，使进入土壤的生物量和有机物质增加，微生物活动不断加强，加速了土壤有机质的积累，从而增加了土壤养分含量。其次，30年间，关中地区农业机械化程度不断提高，农业机械化总动力普遍提高2~3倍［图6-7（b）］，机械耕作和收获面积大增，因机械收割的留茬较高，在机械耕作过程中又被碾碎还田，进一步促进了秸秆还田，增加了土壤的生物量，在一定程度上促进了土壤养分的积累。

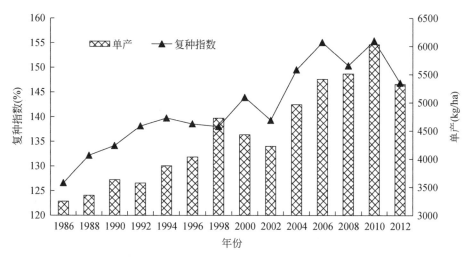

图6-8 20世纪80年代~21世纪10年代关中地区复种指数与单位面积粮食产量分布图

土地利用方式改变使有机物的输入和土壤环境发生较大变化。30年间关中地区旱地面积在下降，水浇地面积明显增加（统计年鉴，1987~2013）。旱地转变为水浇地后，土壤水分条件和温度状况发生较大变化，有机质物质累积速率一般呈明显增加趋势，有助于提高土壤养分肥力。此外，30年间，关中地区土壤障碍性因素得到不同程度的改良，河漫滩地通过掺淤等措施、山区通过种植绿肥等措施改善土壤质地，积极发展农田水利设施，提高灌溉能力，有效灌溉面积比率提高了20%，土壤pH也明显降低等，均有助于土壤养分的提高。

20世纪80年代第二次土壤普查时期，关中地区耕地土壤母质中速效钾含量丰富，30年间随着农业集约化的发展，复种指数的提高、化学氮肥和磷肥的增多、作物产出的增加，作物吸钾素的能力和数量相应的也在增加，而关中地区农民普遍忽视钾肥的施用，土壤钾素多靠有机肥、复合肥等形式进行补充，其随机性强，使周至县等地区土壤速效钾含量明显降低。

6.5.3 存在的问题

通过问卷调查发现，调查中60%的农户是由年长者或妇女主持生产，施肥多凭主观经验，缺乏科学依据，重化肥轻有机肥，忽视影响因素特征，使一些地块土壤养分入不敷出，出现含量下降现象，如中部的周至县，其猕猴桃种植面积较大，对土壤钾素的需求也大，长期忽视钾肥的投入，使其土壤速效钾含量明显下降；同时，因磷肥施用过量，西安市地区内出现土壤磷素下迁、富集现象（于世锋等，2004），增加了生态环境问题；普遍重视原低值区土壤肥力的提高，忽视了原高值区耕地土壤肥力的保养。其次，秸秆还田技术掌握不足，许多地块产生负效应，综合利用率低，不利于土壤有机质及养分的积累。另外，以目前氮肥的投入量来看，足以满足作物生长需要，但因农户施肥方式不当，多采用表施等，氮肥易挥发、损失，使当前的氮肥利用率较低，30%左右。

6.5.4 结论

本研究采用关中地区20世纪80年代和21世纪10年代两个时期的土壤养分统计特征变化与空间等级叠加分析相结合的方式，分析与探讨该区土壤养分的时空变化特征。

30年间，关中地区耕地土壤养分含量整体上有不同程度的增加，增速水平由大到小表现为有效磷>速效氮>有机质>全氮>速效钾，其中有效磷增速高达197%。土壤有机质含量主要由5~8级（6~15 g/kg）提升至4~6级（10~20 g/kg）；土壤速效氮含量主要由5~6级（30~60 mg/kg）提升至4~5级（45~90 mg/kg）；土壤有效磷含量主要由6~7级（3~10 mg/kg）提升至3~5级（15~30 mg/kg）；土壤速效钾含量主要由1级（>200 mg/kg）、3~9级（<150 mg/kg）向2级（150~200 mg/kg）集中，含量下降与增加的区域均有明显分布，整体呈增加趋势；土壤全氮主要由5~6级（0.5~1.0 g/kg）提升到4~6级（0.60~1.25 g/kg）；土壤养分比值中，土壤速效氮/有效磷整体呈下降趋势，其比值主要由3~10下降至1~6，且原高、低比值区逆转；土壤碳/氮整体呈增加趋势，其比值主要由7~11提高到8~12。土壤养分的变异系数整体呈下降趋势，以有机质、有效磷的变异系数下降最为明显。土壤养分的初始值显著影响着土壤养分的空间格局演变，土壤养分总体均呈原高值区增速慢或略有下降、原低值区增速快的变化规律，等级由两端向中部等级靠拢，含量整体向区域均匀化方向发展；空间分布上，20世纪80年代土壤养分的空间等级镶嵌结构较突出，等级空间变

异性强，21 世纪 10 年代土壤养分的空间等级区域化分异明显，多与行政区划、地貌类型一致；中部的关中平原区增速整体高于南、北部地区。土壤类型上，两期土壤有机质、速效氮和有效磷的分布规律大致相同，即新积土、潮土和褐土的含量较高，黑垆土和黄绵土的含量较低；速效钾的变异性增大，但均以潮土含量最低。

30 年间，关中地区耕地土壤大量元素养分的时空变化主要受人为活动影响。人为施肥力度及侧重方向、灌溉、种植模式、政策导向等是影响关中地区土壤养分时空变化的重要因素，人为地理区位导向作用起着越发重要的作用。农民在积极提高原低值区耕地土壤肥力时，忽视了原高值区土壤肥力的保养。关中地区农户老龄化，存在施肥盲目化、经验化现象，重化肥轻有机肥，农艺措施不当等问题，造成氮肥利用率低、土壤磷素富集、钾素下降等现象。今后的农业生产中应将测土配方施肥与科技入户、农民培训工程等有机结合，转变农户施肥观念，规范农艺措施；密切关注土壤钾素的消耗、氮肥的有效补充和磷肥的控制，建立测土配方施肥动态指标体系，加强土壤培肥管理，平衡土壤养分；在积极提高土壤氮素水平的同时，应注意土壤碳素的归还水平，维持土壤碳氮耦合平衡，有效指导农业生产，提升生态与经济效益。

|第 7 章| 土壤微量元素空间特征与变化

7.1 引　言

　　微量元素是指自然界中广泛存在的含量很低的化学元素，是与大量元素相对而言的（刘铮等，1978；李长宝等，2010）。目前公认的植物生长必需的元素共有 16 种，除碳、氢、氧，大量元素氮、磷、钾，中量元素钙、镁、硫外，余下的铁、锰、硼、锌、铜、钼、氯被认为是微量元素（李长宝等，2010）。微量元素被称为植物生长的"维生素"，在植物的生命活动中扮演着不可或缺的角色（吴镇麟，1982；佟宝辉等，2012）。土壤是植物所需的微量元素的主要来源，土壤中微量元素的总含量（包括各种形态）称为全量。全量中根据能否被植物吸收利用又可分为能被植物吸收利用的部分即"有效态含量"或"速效态含量"和不能被植物吸收利用的，至少是暂时不能吸收的部分即"固定态"。土壤中微量元素的有效态含量水平直接决定植物吸收这些营养元素的状况和动植物的健康（杨荣清等，2005；马扶林等，2009；史文娇等，2009）。土壤中有效态微量元素供给不足时，作物易出现如植株矮小、结实率低等现象，影响作物的正常生长发育；过量时则会发生中毒现象，如主根伸长受阻、叶片黄化、叶尖焦枯等，且会造成施肥的重金属污染，降低自然背景的土壤环境质量，含量低或过高时均会导致农作物减产，品质降低，甚至危及人与动物的健康（刘铮等，1978；马扶林等，2009；李长宝等，2010）。此外，土壤中微量元素是土壤环境质量的重要指标之一，其组成与变化特征指示了土壤中的地球化学信息（王学军等，1997；陈发虎等，1990；马媛等，2007）。

　　诸多田间试验表明，在微量元素供给不足时，施用微量元素肥料是提高农作物产量与质量的有效措施。微量元素肥料的效果与土壤中微量元素供给情况密切相关，而微量元素的供给情况则由它们的含量、形态和分布规律等来决定（刘铮等，1978）。随着人口的持续增长和科学技术的不断进步，人类对土壤系统的改造在范围、规模和强度上日益增大和增强，人类的频繁活动势必造成土壤环境中微量元素发生淋湿、积累和重新分配（王祖伟等，2002）。研究土壤微量元素空间特征及时空变化特征，对于农业生产中微量元素肥料合理施用、土壤生态环境保护、土壤资源综合治理、土壤肥力的提高等具有重要意义（苏伟等，2004；徐敬敬等，2009；常栋等，2012；姜北等，2013；姜悦等，2013；贾晓娟等，2013；臧振峰等，2013）。

近年来，国内对土壤微量元素的研究多见于不同地貌类型区，如丘陵区、黄土高原典型区、小流域等，土壤类型如南方红壤、东北黑土区等，并多针对区域的某些特殊的经济作物如烟叶、甘蔗等。近期，众多学者采用经典统计学、地统计学与 GIS 技术相结合的方法，对不同地域如秦巴山区镇巴县（姜悦等，2013），甘肃省凉州区（贾晓娟等，2013），黑河中游绿洲农田（臧振峰等，2013）等地区，进行了土壤微量元素空间变异性及其空间分布格局研究。但目前的研究区域多基于小尺度，如县域尺度、小流域尺度，且多缺乏时空变化特征的分析与研究。而已有的对中、大尺度土壤微量元素的研究多基于经典统计学方法对其含量及其影响因素进行分析（杨绍聪等，2001；洪松等，2001；王德宣和付德义，2002；陶晓秋，2004；Moreno et al.，2005；刘蝴蝶等，2009）。目前有关陕西省关中地区耕地土壤有效态微量元素含量空间分布特征及其时空变化的研究尚未见报道。

20 世纪 90 年代，顾汝健（1992）对陕西省关中地区的渭北旱塬东部 6 县（富平、韩城、合阳、蒲城、澄城和白水）土壤微量元素含量与微肥效果进行了研究，以土壤中有效态微量元素缺乏的临界值统计，发现该区土壤中锰、锌、硼的缺乏率高达 84% 以上，铁为 71%，铜为 14%；施用微肥，小麦、玉米和油菜一般增产 10%~20%。20 世纪 80 年代第二次土壤普查之后，关中地区农业系统施用大量的化肥尤其是氮、磷肥，易导致土壤-植物系统中微量元素的失衡，耕地土壤微量元素状况一直很不明确。为探明其微量营养元素状况，本研究基于陕西省耕地地力调查与质量评价项目及测土配方施肥项目，对 2 万多土壤样品的微量元素有效态含量进行测定，研究和明确关中地区耕地土壤微量元素现状、空间特征及其时空变化规律，以期更好地服务于农业生产。

7.2　微量元素基本特征

关中地区耕地土壤微量元素基本特征如表 7-1 所示，有效铁（Av-Fe）、有效锰（Av-Mn）、有效锌（Av-Zn）和有效铜（Av-Cu）的平均含量分别为 7.67 mg/kg、11.10 mg/kg、1.30 mg/kg 和 1.39 mg/kg（表 7-1），分别处于陕西省土壤有效态微量元素含量分级标准（共 5 级）的第 3、3、4、4 级，高于相应的各缺素临界值（表 7-2）。

表 7-1　关中地区耕地土壤有效态微量元素含量基本统计特征

微量元素	样本数	最小值	最大值	平均值	标准差	偏度	峰度	变异 CV
		（mg/kg）						（%）
有效铁	28 555	0.10	35.80	7.67	4.98	1.90	8.06	64.94
	22 844[a)]	0.10	35.80	7.68	4.98	1.85	7.80	64.87
	5 711[b)]	0.10	35.80	7.64	5.01	2.06	9.90	65.54
有效锰	26 492	1.00	38.80	11.10	5.87	1.10	4.48	52.91
	21 193[a)]	1.00	38.80	11.09	5.89	1.10	4.45	53.05
	5 299[b)]	1.20	38.40	11.12	5.82	1.11	4.62	52.36
有效锌	26 068	0.10	3.79	1.30	0.83	1.00	2.24	63.91
	20 854[a)]	0.10	3.79	1.30	0.84	1.00	3.24	64.23
	5 214[b)]	0.10	3.79	1.30	0.83	0.99	3.23	63.52
有效铜	26 007	0.10	3.90	1.39	0.68	0.73	3.01	49.27
	20 805[a)]	0.10	3.90	1.39	0.68	0.73	3.03	49.18
	5 202[b)]	0.10	3.80	1.39	0.69	0.71	2.92	49.64

注：a) 表示 80% 训练样本数据集；b) 表示 20% 验证样本数据集。

　　按照陕西省土壤有效态微量元素丰缺标准（表7-2），以平均含量来看，关中地区耕地土壤有效铁为"中等"水平（5.0～10 mg/kg），有效锰为"中等"水平（10～15 mg/kg），有效锌为"中等"水平（1.0～2.0 mg/kg），有效铜为"丰富"水平（>1.0 mg/kg）。4 种有效态微量元素的变异系数 49%～65%，均属中等变异强度，其强度由大到小依次为：有效铁>有效锌>有效锰>有效铜。由表 7-1 可知，本研究各有效态微量元素中随机选取的训练样本（80%）和验证样本（20%）与总样本数据具有相似的统计特征，均值变化幅度控制在 0.50% 内，表明 2 项数据集均具有较好的代表性。有效态微量元素数据具有正偏态效应，经过 Box-Cox 变换后（$\lambda_{Av-Fe} = 0.17$，$\lambda_{Av-Mn} = 0.26$，$\lambda_{Av-Zn} = 0.04$，$\lambda_{Av-Cu} = 0.28$）基本符合正态分布，满足空间统计学克里格方法进行土壤特性研究的前提。

表 7-2　陕西省土壤有效态微量元素丰缺指标及其临界值

指标	丰富	中等	较缺	缺乏	极缺乏	临界值
有效铁	>10.0	5.0～10.0	—	2.5～5.0	<2.5	4.5/4.5
有效锰	>15.0	10.0～15.0	5.0～10.0	3.0～5.0	<3.0	5.0/10

指标	丰富	中等	较缺	缺乏	极缺乏	临界值
有效锌	>2.0	1.0~2.0	—	0.5~1.0	<0.5	0.5/0.5
有效铜	>1.0	0.2~1.0	—	0.1~0.2	<0.1	0.2/0.5

注：临界值：陕西省/全国（mg/kg）。陕西省土壤有效态微量元素丰缺指标及其临界值数据来源于《陕西土壤》；全国土壤有效态微量元素临界值数据来源于1985年在西安召开的微量元素肥料工作会议制定的"全国农业系统的土壤速效微量元素丰缺指标"。

土壤有效态微量元素含量间存在协同性，相互间均达到极显著的正相关关系（$P<0.01$）（表7-3）。相较之下，土壤有效锌和有效铜相关性最强（$R=0.449$），有效锌与有效铁相关性相对较弱（$R=0.077$）。

表7-3　关中地区耕地土壤有效态微量元素间相关性统计

指标	有效铁	有效锰	有效锌	有效铜
有效铁	1.000	0.293**	0.077**	0.195**
有效锰	0.293**	1.000	0.316**	0.315**
有效锌	0.077**	0.316**	1.000	0.449**
有效铜	0.195**	0.315**	0.449**	1.000

注：**表示相关系数水平在0.01水平显著，下同。

7.3　空间结构特征

关中地区耕地土壤各有效态微量元素的最优半方差函数及其参数见表7-4，半方差函数图见图7-1。由此可见，各有效态微量元素在变程范围内的点逼近理论模型曲线，残差的标准差RSS接近于0，决定系数R^2接近于1，表明本研究所拟合的各项半方差函数理论模型均具有较高的拟合精度。

表7-4　关中地区耕地土壤有效态微量元素半方差模型及其参数

指标	模型	变程（km）	块金值	基台值	块金系数	分维数	RSS	R^2	Moran's I	Z
Av-Fe	E	42.50	0.398	0.781	0.510	1.908	1.22×10^{-3}	0.990	0.22	415.22
Av-Mn	E	28.10	0.317	0.707	0.448	1.907	7.89×10^{-4}	0.992	0.37	486.32
Av-Zn	E	77.50	0.200	0.462	0.433	1.886	9.18×10^{-4}	0.982	0.38	746.58
Av-Cu	E	28.20	0.155	0.275	0.562	1.931	3.08×10^{-4}	0.967	0.35	524.69

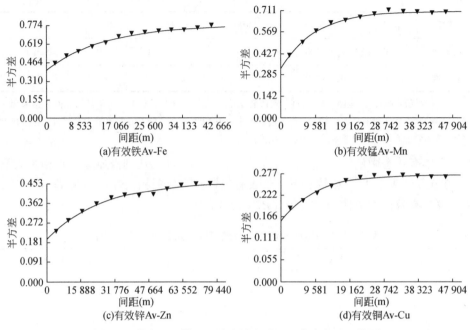

图 7-1　关中地区耕地土壤有效态微量元素半方差函数图

由表 7-4 可知，关中地区耕地土壤有效态微量元素铁、锰、锌和铜的最优半方差理论模型均为指数模型，其块金系数分别为 0.510、0.448、0.433 和 0.562，均介于 0.25~0.75，表明 4 种微量元素的空间相关性较为一致，均具有中等强度的空间相关性，其空间变异性是自然因素和人为因素共同作用的。4 种有效态微量元素的变程（自相关性尺度）均大于步长值，说明该区域采样设计在克里格插值时显示了较好的空间相关性（史文娇等，2009）。但四者的变程差异较大，有效锌的空间自相关距（77.50 km）明显大于其他指标，有效锰与有效铜的空间自相关距离相近（28.10 km 和 28.20 km），变程由大到小依次为：有效锌>有效铁>有效铜>有效锰。空间相关性尺度同时也反映了其影响因子的范围，土壤有效锌的主要影响因子的空间变异尺度相对较大，有效铜和有效锰可能主要受到相对较小尺度因子的影响（史文娇等，2009）；此外，农作物对微量元素的吸收偏好也可能影响自相关距离的大小（王淑英等，2008；武婕等，2014）。关中地区各有效态微量元素的分维数同块金系数呈正比例关系，其中有效锌的随机性因素影响最小、结构性最好。空间自相关性指标全局 Moran's I 指数及其标准化 Z 值表明，关中地区 4 种土壤有效态微量元素均具有极显著的空间自相关性（$P<$ 0.01），空间聚集特征明显，空间自相关性程度由大到小依次为：有效锌>有效锰>有效铜>有效铁。由此可见，关中地区耕地土壤有效锌的空间相关性及空间

第7章 | 土壤微量元素空间特征与变化

结构连续性明显高于其余养分。

7.4 空间分布特征

为了更直观地了解关中地区土壤有效态微量元素的空间分布特征，本研究根据所得的最优半方差理论模型及其参数进行普通克里格插值，绘制关中地区耕地土壤各有效态微量元素含量的空间分布图，插值精度详见表7-5。

表7-5 关中地区耕地土壤有效态微量元素含量空间插值精度

指标	插值范围	训练样本					验证样本				
		n	MAE	MRE	RMSE	R	n	MAE	MRE	RMSE	R
Av-Fe	1.17~32.13	22 844	2.31	40.94	3.53	0.73**	5 711	2.47	44.19	3.83	0.66**
Av-Mn	2.31~24.79	21 193	2.26	24.70	3.29	0.84**	5 299	2.59	28.13	3.75	0.78**
Av-Zn	0.26~3.22	20 854	0.42	42.16	0.59	0.75**	5 214	0.45	45.62	0.63	0.69**
Av-Cu	0.53~2.71	20 805	0.33	29.86	0.46	0.77**	5 202	0.36	33.44	0.51	0.70**

同时，参照陕西省土壤有效态微量元素丰缺指标，进行分等定级，量化等级面积，并以市级、县级行政区划为单位绘制关中地区耕地土壤有效态微量元素等级面积柱状图，其柱的高低代表各级区划内耕地面积的相对大小。

7.4.1 有效铁空间分布格局

关中地区耕地土壤有效铁空间分布整体呈南高、北低格局。以2.5 mg/kg为含量区间划分等级，有效铁等级分异明显，其中关中平原中东部地区图斑破碎、图形信息丰富，关中平原南部至秦岭山区空间含量连续性强、等级梯次变化明显（图7-2和图7-3）。

整体上看，关中地区耕地土壤有效铁含量多分布于2.5~20 mg/kg。东部的渭南市土壤有效铁含量多分布于2.5~20 mg/kg，以"中等"水平为主，市域内含量多呈镶嵌状分布，整体呈南高北低格局；北部的铜川市土壤有效铁含量多分布于5~15 mg/kg，以"中等"水平为主，市域内含量呈中间高南北低格局；中北部的咸阳市土壤有效铁含量多分布于2.5~15 mg/kg，以"中等"水平为主，市域内含量呈南高北低格局；中南部的西安市土壤有效铁含量差异较大，多分布于2.5~20 mg/kg，以"中等"和"丰富"水平为主，市域内含量整体呈南高北低格局；西部的宝鸡市土壤有效铁含量多大于5 mg/kg，以"中等"水平为主，市域内等级自西北向东南梯次增加趋势显见。

| 129 |

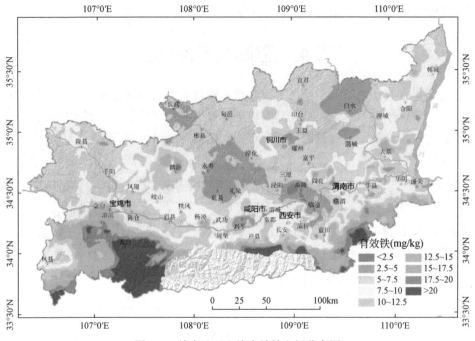

图 7-2　关中地区土壤有效铁空间分布图

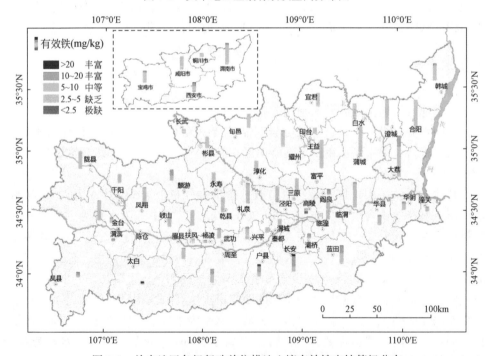

图 7-3　关中地区各级行政单位耕地土壤有效铁丰缺等级分布

具体而言，关中地区耕地土壤有效铁含量以 5.0~10 mg/kg 即"中等"水平为主，分布面积 16 206.66 km²，占关中地区耕地总面积的 75.53%，遍布于各级行政区划；其他等级多呈斑块状镶嵌其中。<2.5 mg/kg 的土壤有效铁"极缺乏乏"水平的耕地，面积仅有 82.21 km²，占关中地区耕地总面积的 0.38%，主要分布于中部的泾阳—三原—高陵一带；2.5~5.0 mg/kg 的土壤有效铁"缺乏"水平的耕地，分布面积 2382.13 km²，占关中地区耕地总面积的 11.10%，空间呈团块状分布于中北部，主要分布于东北部的白水县，中北部的永寿—乾县—礼泉—淳化和高陵—临潼围绕的地区；此外，长武、兴平等地有零星分布。>10 mg/kg 的土壤有效铁"丰富"水平的耕地，分布面积 2786.46 km²，占关中地区耕地总面积的 12.98%，主要呈连片状分布于关中平原南部和秦岭山区中，部分呈散落的斑块状分布于北部地区；>20 mg/kg 的高值区耕地，分布面积 183.82 km²，占关中地区耕地总面积的 0.86%，集中分布于区南部的秦岭山区及其北麓地区，即太白，凤县、户县、长安区和蓝田县南部。

7.4.2　有效锰空间分布格局

关中地区耕地土壤有效锰空间分布整体呈西南高、东北低格局。以 5.0 mg/kg 为含量区间划分等级，有效锰含量等级空间连续性强，东西分异明显（图 7-4 和图 7-5）。

整体上看，关中地区耕地土壤有效锰含量多分布于 3~35 mg/kg，其中"较缺"、"中等"和"丰富"水平均有明显分布。东部的渭南市土壤有效锰含量多分布于 3~15 mg/kg，以"较缺"和"中等"水平为主，部分"缺乏"，市域内含量呈南高北低格局；北部的铜川市土壤有效锰含量多分布于 3~10 mg/kg，以"较缺"水平为主，市域内呈西南高东北低格局；中北部的咸阳市土壤有效锰含量多分布于 5~25 mg/kg，"较缺"、"中等"和"丰富"水平均有明显分布，市域内呈南高北低格局；中南部的西安市有效锰含量多分布于 5~25 mg/kg，"较缺"、"中等"和"丰富"水平均有明显分布，市域内含量等级图斑多呈镶嵌状分布，整体呈西南高东北低格局；西部的宝鸡市土壤有效锰含量多大于 5 mg/kg，以"丰富"水平为主，其北部部分地块处于"较缺"水平，市域内含量自西北向东南梯次增加趋势显见。

具体而言，<3 mg/kg 的土壤有效锰"极缺乏"水平的耕地仅 23.74 km²，集中分布于白水县北部。3~5 mg/kg 的土壤有效锰"缺乏"水平的耕地，分布面积 1251.75 km²，占关中地区耕地总面积的 5.84%，主要分布在东北部的宜君县和白水县；此外，东部的合阳、澄城、富平和大荔及中部的杨凌–武功有零散分

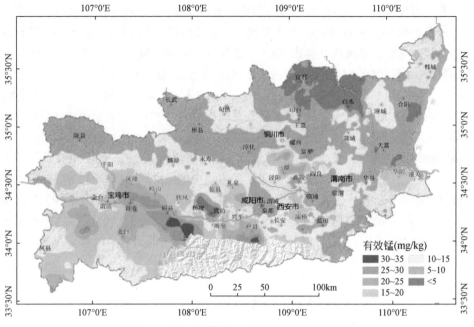

图 7-4　关中地区耕地土壤有效锰空间分布图

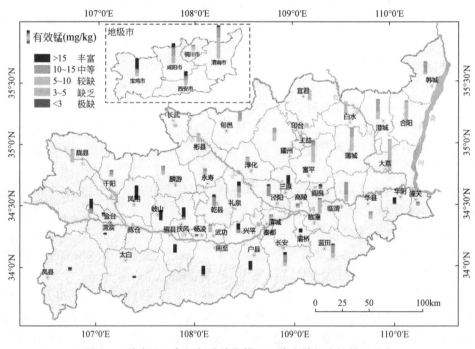

图 7-5　关中地区各级行政单位耕地土壤有效锰丰缺等级分布

布。5~10 mg/kg 的土壤有效锰"较缺"水平的耕地，分布面积 8318.77 km²，占关中地区耕地总面积的 38.77%，遍布区中部、北部和东部地区即渭北高原及关中平原东部地区，主要分布在陇县—永寿—淳化—富平—临潼—蓝田一线以东地区。10~15 mg/kg 的土壤有效锰"中等"水平的耕地，分布面积 6961.81 km²，占关中地区耕地总面积的 32.44%，遍布于关中平原中西部及秦岭山区；此外，东北部的韩城、澄城和中北部的旬邑县内也有大量分布。>15 mg/kg 的土壤有效锰"丰富"水平的耕地，分布面积 4901.37 km²，占关中地区耕地总面积的 22.84%。主要呈片状分布于关中平原西部和秦岭山区，多分布在凤县—凤翔—扶风—周至—户县连线以南地区，此外，礼泉、灞桥、三原、阎良和华阴也有些许分布；其中>20 mg/kg 的高值区耕地面积占关中地区耕地总面积的 9.26%，集中分布在太白—凤翔—岐山—眉县连线以南和户县南部地区。

7.4.3 有效锌空间分布格局

关中地区耕地土壤有效锌空间分布整体呈南高北低、西高东低格局。以 5.0 mg/kg 为含量区间划分等级，有效锌含量等级中部呈碎斑状分布，南北呈片状，空间分异明显（图 7-6 和图 7-7）。

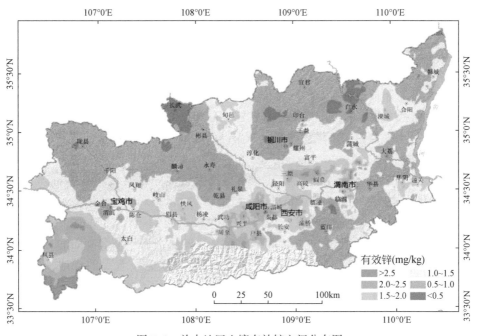

图 7-6 关中地区土壤有效锌空间分布图

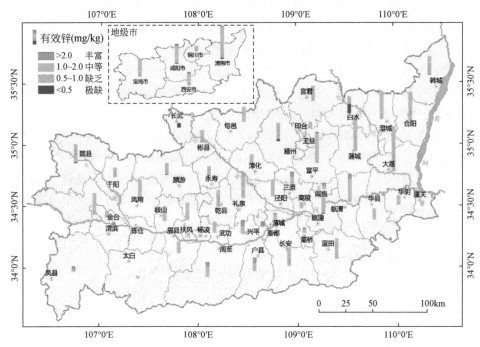

图 7-7　关中地区各级行政单位耕地土壤有效锌丰缺等级分布

关中地区耕地土壤有效锌含量多分布于 0.5 ~ 2.0 mg/kg，以"中等"和"缺乏"水平为主。东部的渭南市土壤有效锌含量多分布于 2.5 mg/kg 以下，以"中等"和"缺乏"水平为主，市域内含量呈西南高东北低格局；北部的铜川市土壤有效锌多分布于 0.5 ~ 1.0 mg/kg，以"缺乏"水平为主，市域内含量呈南高北低格局；中北部的咸阳市土壤有效锌多分布于 0.5 ~ 3.0 mg/kg，以"中等"和"缺乏"水平为主，市域内含量呈东南高西北低格局；中南部的西安市土壤有效锌含量多分布于 0.5 ~ 3.0 mg/kg，以"中等"和"缺乏"水平为主，市域内含量呈西高东低格局；西部的宝鸡市土壤有效锌含量多分布于 0.5 ~ 3.0 mg/kg，以"中等"和"缺乏"水平为主，市域内含量呈南高北低格局明显。

具体而言，<0.5 mg/kg 的土壤有效锌"极缺乏"水平的耕地，分布面积 565.11 km²，占关中地区耕地总面积的 2.63%，集中分布于渭北高原的长武、耀州、白水和陇县。0.5 ~ 1.0 mg/kg 的土壤有效锌"缺乏"水平的耕地，分布面积 7946.80 km²，占关中地区耕地总面积的 37.04%，主要分布在渭北高原和东南部的关中平原与秦岭山区，呈">"形状分布，空间分布主要呈三大片状，即西北部的陇县—千阳—麟游—乾县—礼泉—彬县一带，东北部的淳化—耀州—印台—白水—蒲城一线以北地区及东北角的韩城市和东南部的大荔—华县—临潼—

灞桥—长安一线以东地区。1.0～2.0 mg/kg 的土壤有效锌"中等"水平的耕地，分布面积 11 738.29 km²，占关中地区耕地总面积的 54.70%，遍布关中平原及秦岭山区，此外还有中北部的淳化和旬邑等县，其中以 1.0～1.5 mg/kg 为本底，1.5～2.0 mg/kg 的等级图斑主要呈连片状分布于西安—咸阳城区周围，东至渭南市市区。>2.0 mg/kg 的土壤有效锌"丰富"水平的耕地，分布面积 1207.25 km²，占关中地区耕地总面积的 5.63%，多分布于关中平原腹地的兴平、秦都、渭城、户县和阎良等地和西南角的凤县；其含量以 2.0～2.5 mg/kg 为主，分布面积 1074.93 km²，占关中地区耕地总面积的 5.01%；>2.5 mg/kg 的高值区耕地分布面积占关中地区耕地总面积的0.62%，多呈碎斑状散落分布于中部的阎良、秦都和户县—周至南部。

7.4.4　有效铜空间分布格局

关中地区耕地土壤有效铜空间分布整体呈南高北低格局。以 0.5 mg/kg 为含量区间划分等级，有效铜含量等级整体以 1.0～1.5 mg/kg 为本底，其他等级多呈块状镶嵌其中；中东部等级图斑多呈碎斑状散落分布；南北部则多呈片状或团块状分布（图 7-8、图 7-9）。

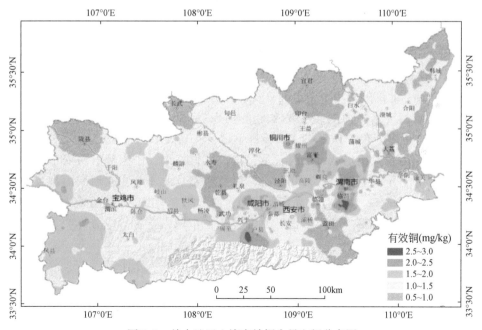

图 7-8　关中地区土壤有效铜含量空间分布图

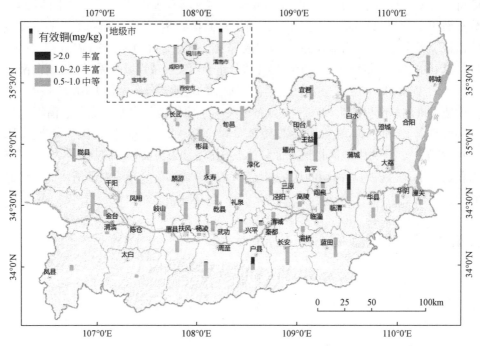

图 7-9　关中地区各级行政单位耕地土壤有效铜丰缺等级分布

整体上，关中地区耕地土壤有效铜含量多分布于0.5～3.0 mg/kg，集中于"中等"和"丰富"水平。东部的渭南市土壤有效铜含量多分布于0.5～2.5 mg/kg，以"中等"和"丰富"水平为主，其中"丰富"占较大比重，市域内含量呈西高东低格局；北部的铜川市中土壤有效铜含量多分布于0.5～2.0 mg/kg，以"中等"和"丰富"水平为主，市域内含量呈南高东低格局；中北部的咸阳市中土壤有效铜含量多分布于0.5～2.5 mg/kg，以"中等"和"丰富"水平为主，其中"丰富"占较大比重，市域内含量呈南高北低格局；中南部的西安市中土壤有效铜含量多分布于0.5～3.0 mg/kg，以"丰富"水平为主，市域内含量等级图斑呈镶嵌状分布，整体呈西高东低格局；西部的宝鸡市中土壤有效铜含量多分布于0.5～2.0 mg/kg，以"丰富"水平为主，市域内含量等级分异明显，整体呈中部低、四周高格局。

具体而言，0.5～1.0 mg/kg的土壤有效铜"中等"水平的耕地，分布面积5059.24 km²，占关中地区耕地总面积的23.58%，空间多呈团块状散落分布，主要分布于北部的陇县、长武、宜君和白水，东部的大荔，中部的永寿—乾县—泾阳及南部的蓝田等地。>1.0 mg/kg的土壤有效铜"丰富"水平的耕地，分布面积1251.75 km²，占关中地区耕地总面积的76.42%，遍布于区内各地；其中含量处于 1.0 ~ 2.0 mg/kg 的耕地是关中地区及辖内各地级市耕地的主体,分布面积共计 14 927.53 km²,占关中地区耕地总面积的 69.57%;>2.0 mg/kg 的土壤有效铜高值区的耕地,分布面积占关中地区耕地总面积的 6.85%,主要分布于咸阳市和渭南市的市区,富平和户县南部等地。

7.5　时空变化特征

本研究充分收集与整理 20 世纪 80 年代陕西省关中地区耕地土壤微量元素资料(统计数据、含量等级图等),统计分析其时空变化特征及其规律,探讨其存在的问题,以期更好地服务于农业生产。

7.5.1　时间变化

20 世纪 80 年代第二次土壤普查时期记录的土壤微量元素数据资料很少,其记录方式也不规范,数据资料零散。本研究通过逐县查询、比对,共收集、整理 30 余县级行政单位数据,建立 20 世纪 80 年代县域土壤微量元素属性数据库。以 20 世纪 80 年代陕西省第二次土壤普查数据为参照,以 20 世纪 80 年代县域为单位,统计分析关中地区两期(20 世纪 80 年代和 21 世纪 10 年代)耕地土壤有效态微量元素含量的时间变化,统计结果如表 7-6、图 7-10 所示。

表 7-6　关中地区 30 余县级行政单位两期耕地土壤有效态微量元素含量统计

时期	有效铁	有效锰	有效锌	有效铜
20 世纪 80 年代	5.80±0.57b	6.04±0.78b	0.55±0.04b	0.98±0.07b
21 世纪 10 年代	8.07±0.56a	11.11±1.00a	1.25±0.08a	1.35±0.07a
F	8.11	26.99	55.75	13.77

注:同列数据后同一因素不同小写字母表示差异达 5% 差异水平(采用最小显著差数法)。

根据 30 余个县级行政单位两期数据的统计(表 7-6),关中地区耕地土壤有效态微量元素两期平均含量均高于临界水平,30 年来其含量整体均呈显著性增加趋势($P<0.01$),显著性程度依次表现为:有效锌>有效锰>有效铜>有效铁。整体上,土壤有效铁含量增加了 2 ~ 4 mg/kg,平均增幅在 40% ~ 50%;有效锰含量增加了 4 ~ 7 mg/kg,平均增幅在 80% 左右;有效锌含量增加了 0.5 ~ 0.8 mg/kg,平均增幅在 120% ~ 150%;有效铜含量增加了 0.3 ~ 0.5 mg/kg,平均增幅在 40% ~ 50%。30 年间,关中地区耕地土壤有效态微量元素中原低值的元素(有效锌、有效锰)含量增加趋势更为明显,差异性程度更为突出。

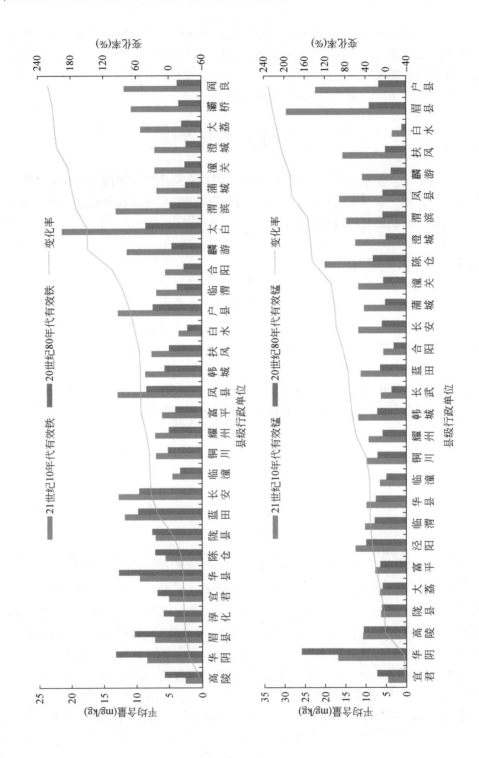

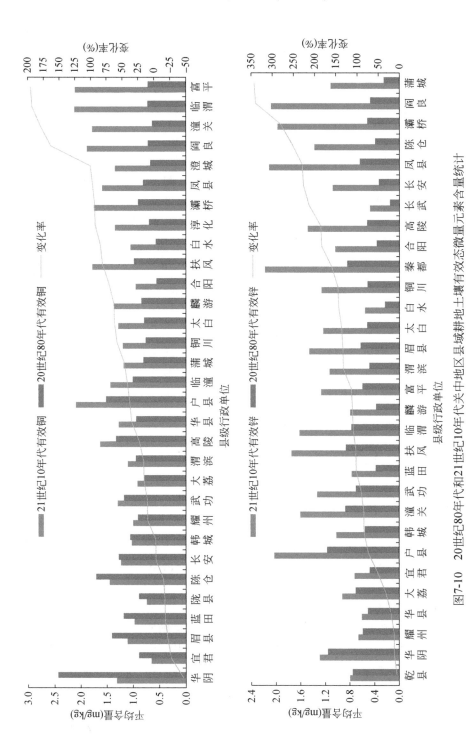

图7-10　20世纪80年代和21世纪10年代关中地区县域耕地土壤有效态微量元素含量统计

具体而言，30年间，关中地区耕地土壤有效铁含量在靠近秦岭山区的县级行政单位（华阴、眉县、华县）和渭北高原的县级行政单位（宜君、淳化和陈仓）呈下降趋势，其余县级行政单位均在提高，其中原低值区中靠近城区的县级行政单位（灞桥、阎良、渭滨）和农业大县（大荔、澄城、蒲城等）含量提速较快。土壤有效锰含量仅在华阴县和宜君县2县下降，余下县级行政单位均有不同程度的提高，其中近城区的阎良区增速最快，提高了3倍有余。土壤有效锌的两期县域平均含量相关性密切（$R=0.511$，$P<0.01$），县级行政单位平均含量均在提高，其中以靠近城区的县级行政单位（灞桥、阎良、临潼）及东部产粮大县（蒲城、澄城等）含量提速较快。土壤有效铜含量在原高值区中靠近秦岭山区的县级行政单位（华阴、眉县和蓝田）和渭北高原北部的县级行政单位（宜君、陇县）呈下降趋势，余下县级行政单位普遍在增加，其中以原低值区的东部产量大县（富平、临渭、澄城等）和靠近城区的县级行政单位（阎良、灞桥）含量提速较快。由此可见，30年间，人为活动对微量元素的提升起到积极作用。此外，通过各有效态微量元素的县级行政单位相关性统计表明，其县域变化率（变化量）与20世纪80年代县级行政单位平均含量间存在极显著性的负相关关系（$P<0.01$），有效铁、锰、锌和铜的相关系数分别是0.702（0.422），0.586（0.442），0.580和0.739（0.635）。30年间，关中地区县级行政单位间耕地土壤有效态微量元素含量的差异性增强，四种有效态微量元素均呈现出原低值区增速快、原高值区增速慢（或略有下降）的变化规律。

7.5.2　空间等级变化

依据20世纪80年代陕西省第二次土壤普查时期土壤有效态微量元素分级标准，绘制20世纪80年代和21世纪10年代关中地区两期耕地土壤有效态微量元素等级图（图7-11～图7-14），为使两期数据具有可比性，均采用21世纪10年代耕地分布图为本底，进而统计30年耕地土壤中各有效态微量元素等级面积变化（表7-7～表7-10），分析变化规律。

通过关中地区各有效态微量元素的两期等级图的对比分析，可直观看出，30年间土壤微量元素均呈现出原低值区含量普遍提高且增速较快，原高值区含量呈下降或增速较慢的趋势，等级由两端向中部等级靠拢；20世纪80年代时期各微量元素的空间等级镶嵌结构较突出，等级空间变异性较强，而21世纪10年代时期空间等级区域化分异明显。整体看来，30年的发展，关中地区耕地土壤微量元素整体向区域均匀化方向发展。

关中地区耕地土壤各有效态微量元素的具体空间等级变化分述如下。

7.5.2.1 有效铁空间等级变化

关中地区 20 世纪 80 年代和 21 世纪 10 年代两个时期耕地土壤有效铁含量分级统计结果如表 7-7 所示。20 世纪 80 年代关中地区耕地土壤有效铁含量以 2、3 和 1 级为主,分别占关中地区耕地总面积的 42.62%、31.45% 和 20.01%,含量普遍低于 10 mg/kg,丰缺水平以"缺乏"和"中等"为主。经过 30 年的发展,21 世纪 10 年代关中地区耕地土壤有效铁含量以 3 级为主,占关中地区耕地总面积的 80.76%,含量普遍为 4.5~20 mg/kg,丰缺水平以"中等"为主。

表 7-7 关中地区两期(20 世纪 80 年代和 21 世纪 10 年代)耕地土壤有效铁等级面积统计

(单位:km²)

项目		21 世纪 10 年代等级					20 世纪 80 年代合计	等级变化	
		1	2	3	4	5		提升	下降
20 世纪 80 年代等级	<2.5 1	5.63	542.36	3 392.22	353.68	0.34	4 294.23	4 288.61	—
	2.5~4.5 2	16.43	448.49	7 786.06	893.43	0.49	9 144.89	8 679.98	16.43
	4.5~10 3	60.15	258.20	5 269.26	1 091.38	69.07	6 748.06	1 160.46	318.35
	10~20 4	—	1.38	677.00	231.73	86.32	996.43	86.32	678.38
	>20 5		9.75	204.06	32.41	27.61	273.83	—	246.23
21 世纪 10 年代合计		82.21	1 260.19	17 328.60	2 602.64	183.82	21 457.45	—	—

关中地区 20 世纪 80 年代和 21 世纪 10 年代两个时期耕地土壤有效铁含量空间分布见图 7-11。整体上均呈现出南高北低格局,高值区集中在关中平原南部靠近秦岭山区一带,即长安、户县、周至等地,低值区在东北部的蒲城、白水和中北部的永寿、乾县、礼泉、兴平等地均有分布。

通过两期等级图叠加分析可得,30 年间,关中地区约 66.25% 耕地等级提升,28.61% 耕地等级不变,5.14% 等级下降。原 20 世纪 80 年代低值区(1 级和 2 级)耕地土壤有效铁含量普遍提升,其中 1 级地中 99.87% 等级提升,2 级地中 94.92% 等级提升,二者普遍提升至 3 级水平,这些地块多分布于关中平原的中北部和渭北高原地区;原高值区(4 级和 5 级)耕地土壤有效铁含量普遍下降,其中 4 级地中 68.08% 等级降低,5 级地中 89.92% 等级降低,二者主要降至 3 级水平,此类耕地面积较少,空间分布零散,较多分布于高陵、华阴、淳化、武功、周至、宜君、王益、澄城及陇县—陈仓的西部等地;有效铁含量等级未变的耕地主要是原 3 级地,其内 78.09% 耕地等级未变,占关中地区耕地等级未变面积的 88%,空间多呈条带状,主要分布于关中平原西部的渭滨—陈仓—眉县一

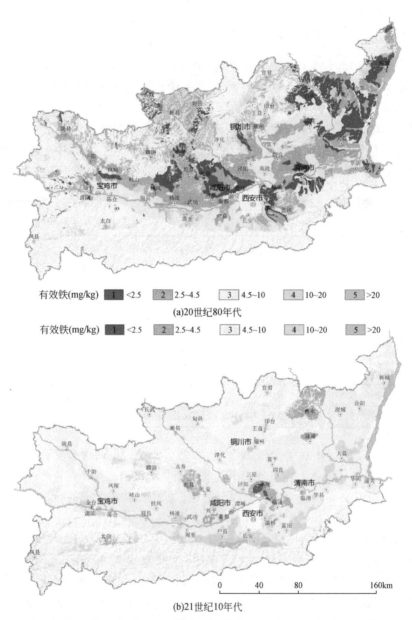

有效铁(mg/kg) 1 <2.5 2 2.5~4.5 3 4.5~10 4 10~20 5 >20

(a)20世纪80年代

有效铁(mg/kg) 1 <2.5 2 2.5~4.5 3 4.5~10 4 10~20 5 >20

0   40   80   160km

(b)21世纪10年代

图 7-11 20 世纪 80 年代和 21 世纪 10 年代关中地区耕地土壤有效铁等级图

带，中北部的三原—阎良—富平—耀州—王益—印台—宜君和东南部的临渭、华县和华阴东部，这些区域尽管含量等级未变，但根据县域单位的统计（图 7-10），其含量普遍在增加。

30 年间，关中地区耕地土壤有效铁含量普遍提升，等级由两端向中部的 3

级靠拢，整体向区域均匀化方向发展。

7.5.2.2 有效锰空间等级变化

关中地区 20 世纪 80 年代和 21 世纪 10 年代两个时期耕地土壤有效锰含量分级统计结果如表 7-8。20 世纪 80 年代关中地区耕地土壤有效锰含量跨 1~5 级，以 2 级和 3 级为主，分别占关中地区耕地总面积的 47.42% 和 47.27%，含量普遍为 1.0~15 mg/kg，"缺乏"、"较缺"和"中等"均有明显分布。经过 30 年的发展，21 世纪 10 年代关中地区耕地土壤有效锰含量跨 2~5 级，以 3 级和 4 级为主，分别占关中地区耕地总面积的 71.21% 和 22.12%，含量普遍为 5.0~30 mg/kg，丰缺水平以"较缺"和"中等"为主（图 7-12）。

表 7-8　关中地区两期（20 世纪 80 年代和 21 世纪 10 年代）耕地土壤有效锰等级面积统计

（单位：km²）

项目			21 世纪 10 年代等级				20 世纪 80 年代 合计	等级变化	
			2	3	4	5		提升	下降
20 世纪 80 年代 等级	<1.0	1	190.40	206.50	0.79	—	397.69	397.69	—
	1.0~5.0	2	741.87	7 502.65	1 929.44	0.84	10 174.80	9 432.93	—
	5.0~15	3	319.84	7 173.81	2 514.71	135.39	10 143.76	2 650.10	319.84
	15~30	4	23.08	188.48	271.07	18.51	501.14	18.51	211.56
	>30	5	0.31	209.13	30.62	—	240.06	—	240.06
21 世纪 10 年代合计			1 275.49	15 280.59	4 746.63	154.74	21 457.45	12 499.23	771.46

关中地区 20 世纪 80 年代和 21 世纪 10 年代两个时期耕地土壤有效锰含量空间分布见图 7-12。整体上均呈现出南高北低格局，高值区均有在关中平原南部靠近秦岭山区一带分布，主要在渭河干流上杨凌以西至宝鸡市以东的地块分布；低值区均有在区东北部的白水县以北地区分布。

通过两期等级图叠加分析可得，30 年间，关中地区约 58.25% 耕地有效锰含量等级提升，38.15% 耕地等级不变，3.60% 等级下降。原 20 世纪 80 年代低值区（1 级和 2 级）耕地土壤有效铁含量提高明显，其中 1 级地整体等级提升，2 级地中 92.71% 等级提升，二者普遍提升至 3 级和 4 级水平，这些地块主要分布于区四周地区，即西北部的陇县、千阳、凤翔县、麟游，中北部的长武、旬邑、彬县等地，东北部的韩城、合阳、澄城、蒲城和大荔和南部的蓝田、长安、凤县等地。原高值区中的 5 级耕地土壤有效锰含量整体下降，约 1.12% 耕地，分布于富平，华阴与华县的北部和大荔，其中 87.12% 降至 3 级水平；原高值区中的 4

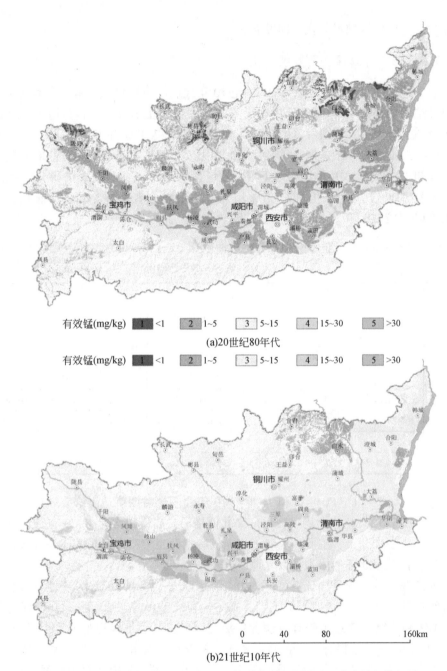

图 7-12　20 世纪 80 年代和 21 世纪 10 年代关中地区耕地土壤有效锰等级图

级地，42.22% 等级下降，多降至 3 级水平，零星分布于富平、临渭、华县和凤县等地；原 3 级地中 30% 的耕地等级提升到 4 级，少量达到 5 级水平。有效锰含量等级未变的耕地主要是原 3 级地，其内 70.72% 耕地等级未变，占关中地区耕地等级未变面积的 87.63%，主要分布于关中平原中东部地区，即永寿、泾阳等地；此外原 4 级地中 54.09% 耕地等级未变，占关中地区耕地等级未变面积的 3.31%，呈块状分布于户县、长安、华阴的南部和凤县等地，这些区域尽管含量等级未变，但根据县域单位的统计（图 5-10），其含量整体是增加的。

30 年间，关中地区耕地土壤有效锰含量普遍提升，原低值区含量显著提高，原高值区含量呈下降趋势，等级由两端向中部的 3 级靠拢，整体向区域均匀化方向发展。

7.5.2.3 有效锌空间等级变化

关中地区 20 世纪 80 年代和 21 世纪 10 年代两个时期耕地土壤有效锌含量分级统计结果如表 7-9 所示。20 世纪 80 年代关中地区耕地土壤有效锌含量跨 1～5 级，以 3 级、2 级和 1 级为主，分别占关中地区耕地总面积的 33.28%、30.56% 和 29.60%，含量普遍低于 1.0 mg/kg，丰缺水平以"极缺乏"和"缺乏"水平为主。经过 30 多年的发展，21 世纪 10 年代关中地区耕地土壤有效锰含量跨 2～5 级，以 4 级和 3 级为主，分别占关中地区耕地总面积的 60.33% 和 37.04%，含量普遍介于 0.5～3.0 mg/kg，丰缺水平以"中等"和"缺乏"水平为主。

表 7-9 关中地区两期（20 世纪 80 年代和 21 世纪 10 年代）耕地土壤有效锌等级面积统计

（单位：km^2）

项目			21 世纪 10 年代等级				20 世纪 80 年代合计	等级变化	
			2	3	4	5		提升	下降
20 世纪 80 年代等级	<0.3	1	335.08	2 531.80	3 485.14	—	6 352.02	6 352.02	—
	0.3～0.5	2	160.90	2 411.47	3 985.41	0.09	6 557.87	6 396.97	—
	0.5～1.0	3	69.12	2 700.93	4 370.49	0.97	7 141.51	4 371.46	69.12
	1.0～3.0	4	—	302.60	1 061.81		1 364.41	—	302.60
	>3.0	5	—	—	41.64		41.64	—	41.64
21 世纪 10 年代合计			565.11	7 946.80	12 944.48	1.06	21 457.45	17 120.45	3 923.64

关中地区 20 世纪 80 年代和 21 世纪 10 年代两个时期耕地土壤有效锌含量空间分布见图 7-13。整体上呈现出南高北低格局，但空间等级变化明显，20 世纪 80 年代空间等级镶嵌结构突出，21 世纪 10 年代空间等级区域化分异明显，与地貌分区大致吻合。

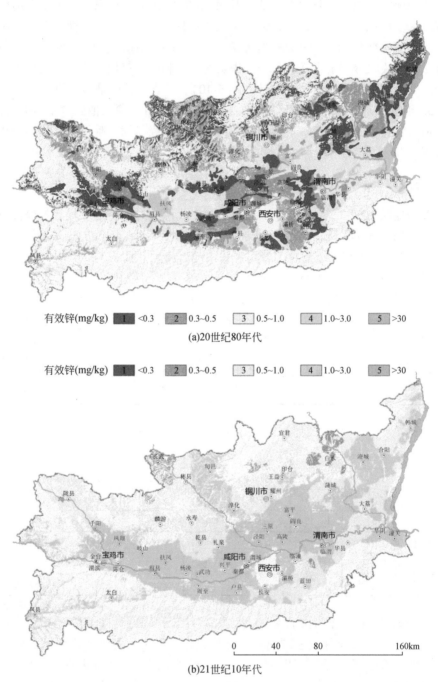

有效锌(mg/kg) ■1 <0.3 ■2 0.3~0.5 □3 0.5~1.0 □4 1.0~3.0 □5 >30

(a)20世纪80年代

有效锌(mg/kg) ■1 <0.3 ■2 0.3~0.5 □3 0.5~1.0 □4 1.0~3.0 □5 >30

(b)21世纪10年代

图 7-13　20 世纪 80 年代和 21 世纪 10 年代关中地区耕地土壤有效锌等级图

通过两期等级图叠加分析可得，30 年间，关中地区约 79.79% 耕地有效锌含量等级提升，18.29% 耕地等级不变，1.93% 等级下降。原 20 世纪 80 年代低值区（1 级和 2 级）耕地土壤有效锌含量提高明显，其中 1 级地整体等级提升，2 级地中 97.55% 等级提升，二者多提升至 4 级和 3 级，这些地块主要分布于渭北高原地区、中部西安—咸阳城区及其周围的临潼、高陵、蓝田、长安等地和西南部秦岭山区的凤县等地；此外原 3 级地中 61.20% 耕地升至 4 级水平，主要分布于眉县、扶风、富平、大荔等地。原高值区中的 5 级耕地土壤有效锌含量整体下降至 4 级水平，约 0.19% 耕地，零星分布于户县、华阴、潼关等地；原高值区中的 4 级地，22.18% 等级下降至 3 级水平，集中分布于东部的华阴—大荔周边。有效锌含量等级未变的耕地主要分布于原 3 级地和 4 级地中，其等级未变化的面积分别占关中地区耕地等级未变面积的 68.84% 和 27.06%，这些地区多呈团块状分布于大荔、扶风、耀州、宜君、太白等地，根据县域单位的统计（图 7-10），其含量是增加的。

30 年间，关中地区耕地土壤有效锌含量明显提升，丰缺水平多由"极缺乏"和"缺乏"水平提升到"缺乏"和"中等"水平，等级由两端向中间的 3、4 级靠拢，整体向区域均匀化方向发展。

7.5.2.4 有效铜空间等级变化

关中地区 20 世纪 80 年代和 21 世纪 10 年代两个时期耕地土壤有效锌含量分级统计结果如表 7-10。20 世纪 80 年代关中地区耕地土壤有效铜含量跨 1～5 级，以 3 级和 4 级为主，分别占关中地区耕地总面积的 67.47% 和 25.48%，含量普遍为 0.2～1.8 mg/kg，以"中等"水平为主。经过 30 年的发展，21 世纪 10 年代关中地区耕地土壤有效铜含量跨 3、4、5 级，分别占关中地区耕地总面积的 23.58%、63.02% 和 13.40%，含量普遍为 0.2～2.0 mg/kg，以"丰富"水平为主。

表 7-10 关中地区两期（20 世纪 80 年代和 21 世纪 10 年代）耕地土壤有效铜等级面积统计

（单位：km²）

项目			21 世纪 10 年代等级			20 世纪 80 年代合计	等级变化	
			3	4	5		提升	下降
20 世纪 80 年代等级	<0.1	1	—	10.24	24.05	34.29	34.29	—
	0.1～0.2	2	141.61	104.55	7.65	253.81	253.81	—
	0.2～1.0	3	3 567.50	8 998.12	1 910.73	14 476.35	10 908.85	—
	1.0～1.8	4	1 036.40	3 662.90	767.99	5 467.29	767.99	1 036.40
	>1.8	5	313.73	746.59	165.39	1 225.71	—	1 060.32
21 世纪 10 年代合计			5 059.24	13 522.40	2 875.81	21 457.45		

关中地区 20 世纪 80 年代和 21 世纪 10 年代两个时期耕地土壤有效铜含量空间分布见图 7-14。整体上均呈现出南高北低格局，高值区均有在关中平原南部靠近秦岭山区一带分布。

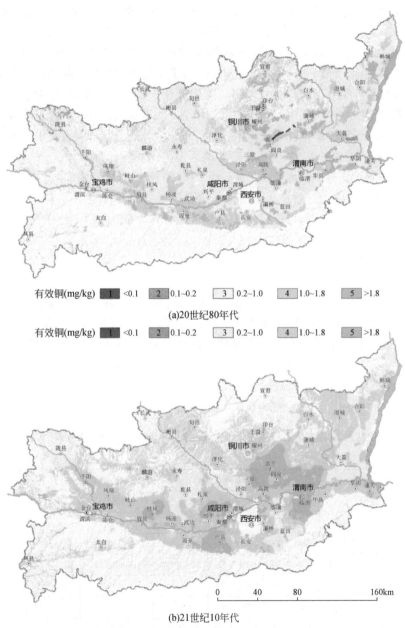

图 7-14 20 世纪 80 年代和 21 世纪 10 年代关中地区耕地土壤有效铜等级图

通过两期等级图叠加分析可得，30 年间，关中地区约 55.76% 的耕地有效铜含量等级提升，34.47% 耕地等级不变，9.77% 等级下降。原 20 世纪 80 年代低值区（1 级和 2 级）耕地土壤有效铜含量明显提高，其中原 1 级地提升至 4、5 级水平，集中分布于富平的东北部地区；2 级地中 55.79% 提升至 3 级水平，41.19% 提升至 4 级水平，这些地块多零星分布于陇县、印台、王益和大荔县内。原 3 级地中 75.36% 耕地等级提升，占关中地区耕地等级提升面积的 91.17%，其中 62.16% 提升至 4 级水平，分布面积占关中地区耕地等级提升面积的 82.48%，遍布于全区，多分布于渭北高原地区和西南部的秦岭山区。原高值区中的 5 级耕地土壤有效铜含量整体下降，其中 60.91% 耕地降至 4 级水平，25.60% 降至 3 级水平，下降面积占耕地等级下降面积的 50.57%，空间分布多呈细条带状分布于秦岭山区的凤县及靠近秦岭山区的华阴、华县、眉县、周至和蓝田等地和渭北的蒲城、耀州、宜君和韩城等地；原高值区中的 4 级地中 18.96% 耕地等级下降至 3 级水平，等级降低面积占关中地区耕地等级下降总面积的 49.43%，空间上呈团块状分布于泾阳、宜君、大荔和韩城等地。有效铜含量等级未变的耕地主要分布于原 3 级地和 4 级地中，分别占耕地等级未变面积的 49.43% 和 49.53%，主要分布于中部渭河干流沿岸，北部的长武、永寿、王益、印台、白水等地，但根据县级行政单位的统计（图 7-10），其含量普遍是在增加的。

30 年间，关中地区耕地土壤有效铜含量普遍提高，丰缺水平多由"中等"提升至"丰富"水平；原低值区含量显著提高、原高值区含量下降，等级向 4 级靠拢，整体向区域均匀化方向发展。

7.6　影响因素探讨

7.6.1　时空变化因素

相关研究表明，土壤性质的变化是土壤中有效态微量元素变化的不可忽视的原因。土壤中酸碱度的改变、有机质含量的增加和有效磷含量的大幅度提高都增加了土壤中微量元素的有效性（刘金秀和程爱武，2007）。长期田间定位试验表明，长期施用氮肥会降低土壤 pH，增强土壤微量元素铁、锰、锌和铜的有效性；磷、钾化肥能够提高土壤有效铁、锰含量，在一定范围内可以提高土壤有效铜含量（杨丽娟等，2006）。同延安等学者研究有机肥及化肥对土壤微量元素的影响时发现，由于有机肥及其根茬腐解，降低了土壤 pH，促进土壤全锌、铁、锰的分解与矿化，使其转化为有效成分，利于微量元素活化。

30年间，关中地区化肥施用非常普遍，且施用强度不断加大，耕地土壤pH下降，土壤有机质及大量元素养分含量不断提升，促进了土壤微量元素的积累；同时，随着产量的大幅度提高，生物学产量也明显增加，作物根、茬归还于土壤中的数量大大增加，秸秆还田面积不断推广，使其中包含的微量元素成分大量地归还到土壤中；近年间有机-无机复混肥的推广也是土壤中微量元素增加的重要原因。前述研究表明，30年间土壤有效态微量元素含量原高值区含量多呈下降趋势，原低值区含量明显提高，含量等级由两端向中间等级靠拢，含量整体向区域均匀化方向发展，与大量元素养分的变化规律一致，这是由于农户普遍重视低值区土壤肥力的提高，忽略原高值区土壤肥力的维护；同时，近城区尤其是西安-咸阳城区周围的耕地土壤有效态微量元素增速相对快、增量相对大。可见，30年间关中地区耕地土壤微量元素的时空变化主要受人为活动影响。

7.6.2　影响因素分析

为充分掌握现今土壤有效态微量元素的影响因子及其程度，有效指导农业生产，本研究定量分析土壤有机质、pH、地形因子、气候因子等自然因素和以样点距市县级行政单位城区距离、主干道路距离、水系沟渠距离为代表的人为环境变量与土壤有效态微量元素含量间的相关性（表7-11）。

表7-11　关中地区耕地土壤有效态微量元素与环境因子的相关性统计

指标	有效铁	有效锰	有效锌	有效铜
有机质	0.161**	0.210**	0.103**	0.064**
pH	−0.282**	−0.020**	0.167**	0.071**
海拔高度	−0.094**	−0.157**	−0.209**	−0.298**
坡度	−0.076**	−0.114**	−0.165**	−0.195**
地形位指数	−0.096**	−0.155**	−0.219**	−0.270**
积温	0.107**	0.250**	0.237**	0.368**
日照时数	−0.197**	−0.383**	−0.310**	−0.290**
年均降水量	0.259**	0.213**	—	—
距市县级城区距离	−0.021**	−0.173**	−0.146**	−0.064**
距主干道路距离	—	−0.240**	−0.211**	−0.185**
距水系沟渠距离	−0.072**	−0.169**	−0.215**	−0.190**

　　关中地区耕地土壤有效态微量元素与土壤有机质之间均存在极显著的正相关关系（$P<0.01$），其中以土壤有效锰和有效铁相关性较高。分析认为，土壤有机质中富含多种有机酸，可以溶解相当一部分土壤微量元素；同时，有机质的存在也有助于减少微量元素与土壤颗粒的接触，减少了被固定的可能性，从而促进了有效态微量元素的释放（马扶林等，2009）。

　　关中地区耕地土壤有效态微量元素与土壤 pH 之间均存在极显著性的相关关系（$P<0.01$），其中土壤有效铁、锰与其呈极显著的负相关性，与目前众多研究结论一致（丁峰等，2005；杨丽娟等，2006；贺行良等，2008）；土壤有效锌、有效铜与其呈极显著的正相关关系（$P<0.01$），这与常规结论有些不一致（杨丽娟等，2006；贺行良等，2008；董国涛等，2009）。进一步统计县级行政单位内土壤 pH 与有效锌、有效铜的相关性发现，关中地区约 70% 个县级行政单位内土壤 pH 与有效铜、锌含量呈极显著或显著的负相关关系（$P<0.01$），但相关系数不高，普遍为 -0.10 ～ -0.20，而在余下 30% 个县级行政单位内两者间多呈极显著的正相关关系（$P<0.01$），相关系数为 0.1 ～ 0.4，主要分布于区内的产粮大县即临渭、泾阳、武功、陈仓、合阳、蒲城、临潼等地，结合图 5-10 的变化分析，可见这一现象主要是受人为活动影响所致。

　　地形因子中，四种土壤有效态微量元素含量与海拔、坡度、地形位指数（T）间均呈极显著的负相关关系（$P<0.01$），其中以有效锌和有效铜的相关性较强，表明土壤有效态微量元素含量随地形起伏度、破碎度的增大而降低。

　　气候因素中，四种土壤有效态微量元素的分布规律大致相同，均与积温呈极显著的正相关关系（$P<0.01$），与日照时数呈极显著的负相关关系（$P<0.01$）；此外，土壤有效铁、锰与年降水量间呈极显著的正相关关系（$P<0.01$）。比较来看，气候因素尤其是积温、日照时数与土壤微量元素的相关性高于地形因素，可见气候因素是影响关中地区土壤养分的重要因子。

　　人为环境变量中，四种土壤有效态微量元素的分布规律一致，与其样点距水系沟渠、市县级行政单位的城区的距离均呈极显著的负相关关系（$P<0.01$）；土壤有效锰、锌和铜的含量与其距主干道路的距离均呈极显著的负相关关系（$P<0.01$），表现出人为环境变量近距离区含量高、远距离区含量低的规律。整体上看，土壤有效锌、锰与人为因素的相关性较高，前述研究也表明该区土壤微量元素中原低值元素即有效锌和有效锰的含量增加趋势更为明显，可见人为活动发挥着积极作用和极其重要的影响。

　　结合前述大量元素养分的影响分析，综合分析可知，关中地区耕地土壤有效态微量元素主要受积温、日照时数等气候因素，坡度、海拔等地形因子，地貌类型等自然因素和秸秆还田、施肥、灌溉等人为因素的影响，其中人为活动的地理区位导向作用愈发明显。

7.7 讨论与结论

本书采用传统统计学、地统计学与 GIS 相结合的方法，比较全面地对关中地区耕地土壤有效态微量元素的空间特征与时空变化特征进行研究，得出了关中地区耕地土壤有效态微量元素含量分布现状、空间变异性特征及其时空分布规律，为区域农业生产、土壤环境管理和决策提供参考与服务，为精准农业的发展和测土配方施肥项目的推进提供理论依据。

目前，关中地区耕地土壤有效铁含量多集中于 2.5~20 mg/kg，有效锰含量多集中于 3~35 mg/kg，有效锌含量多集中于 0.5~2.0 mg/kg，有效铜含量多集中于 0.5~3.0 mg/kg；4 者的平均含量分别处于陕西省土壤微量元素分级标准的 3 级、3 级、4 级、4 级，均高于相应的各缺素临界值。整体上看，关中地区现阶段耕地土壤有效铁、锰和锌含量处于中等水平，铜含量较丰富。据统计，该区 11.48% 的耕地缺乏有效铁，5.95% 的耕地缺乏有效锰、39.67% 的耕地缺乏有效锌，这些缺乏地区多分布于渭北高原中北部和关中平原东部。4 种耕地土壤有效态微量元素均具有中等强度的空间相关性，达到极显著的空间自相关性，其中以有效锌的空间相关性及空间结构连续性较好。空间变异性是地形地貌、气候条件等自然因素和秸秆还田、灌溉、施肥等人为活动共同作用的，其中人为活动起着更为重要的作用。土壤有效态微量元素的空间分布特征不尽相同，但总体上均表现出南高北低的趋势，其中土壤有效锌与有效铜的空间协同性较强。

关中地区 20 世纪 80 年代耕地土壤中有效态微量元素空间等级镶嵌结构明显，等级跨度大；土壤普遍缺锌，大部分缺铁、锰，基本不缺铜。30 年间关中地区耕地土壤有效态微量元素含量得到显著提高，多数提高 1 个以上等级，含量等级由两端向中间等级靠拢，整体向区域均匀化方向发展。整体上，土壤有效铁含量主要由原 1~3 级（<10 mg/kg）提升至 3 级（4.5~10 mg/kg），丰缺水平多由大部分"缺乏"提升至"中等"水平；土壤有效锰含量主要由原 2~3 级（1.0~15 mg/kg）提高到 3~4 级（5.0~30 mg/kg），丰缺水平多由"缺乏"和"较缺"提升至"中等"和"丰富"水平；土壤有效锌含量主要由原 1~3 级（<1.0 mg/kg）提高到 3~4 级（0.5~3.0 mg/kg），丰缺水平多由"极缺乏""缺乏"提升至"缺乏"和"中等"水平；土壤有效铜含量主要由原 3 级（0.2~1.0 mg/kg）提高至 4 级（1.0~1.8 mg/kg），丰缺水平多由"中等"提升至"丰富"水平（>1.0 mg/kg）。30 年间，秸秆还田、施肥、灌溉等人为耕作管理使得土壤有机质及速效养分含量得以明显提高、土壤 pH 普遍降低，促进了土壤有效态微量元素的积累；同时，人为活动的地理区位导向作用愈发明显，表现为原高值区含量增加慢或呈下降趋势，原低值区含量明显提高，近城区尤其是西安—咸阳城区周围的耕地土壤有效态微量元素增速相对快、增量相对大。

因采样条件、时间等限制，本书未能大规模的测定土壤微量元素硼、钼等指标，也未有测定土壤中各微量元素全量，因而在影响因素中未能统计微量元素全量与其有效态含量的相关性，未能量化微量元素全量对其有效态的贡献。

第8章 土壤养分肥力评价研究

8.1 引 言

　　土壤资源是人类赖以生存的宝贵资源，土壤肥力是其主体功能和本质属性，土壤养分肥力是土壤肥力的重要组成部分。科学评价土壤养分肥力，能使我们更准确地了解土壤的本质，更合理的规划土地、利用土壤资源，进行科学施肥、合理种植，对精准农业的发展提供科学依据（王子龙等，2007；崔潇潇等，2010）。近年来，随着耕地地力调查与质量评价项目的推进、测土配方施肥技术的普及，已开展了众多的土壤养分调查与分析工作，取得了较多的成果。关中地区辖内区域如兴平市、蒲城县、长安区、临渭区、合阳县等典型农业县，西安市粮食主产区等地的土壤养分调查与分析的研究时有报道（陈涛等，2013a；赵业婷等，2011；赵业婷等，2013d；马文勇等，2013；李志鹏等，2014；赵业婷等，2014b）。此类研究多局限于中、小尺度区域的土壤养分空间变异性及其丰缺格局，且多从单因素的层面进行量化分析，缺乏整体性。随着关中城市群的发展，农业集约化程度和土地利用强度不断提高，势必对土壤养分肥力产生较大影响。目前对关中地区整体区域的耕地土壤养分肥力评价的研究尚未见报道。本书在先前研究的基础上，量化单因素养分指标，采用数理统计学、相关系数法、层次分析法、特尔菲法、模糊综合评判法和地统计学等方法，基于 GIS 技术平台，构建关中地区耕地土壤养分肥力评价体系，进行土壤养分肥力评价研究，以期揭示该区耕地土壤养分肥力综合状况，为今后区域土壤养分科学管理、平衡施肥及农业产业布局等提供科学依据。

8.2 土壤养分肥力评价方法

　　本研究在野外采样调查与室内分析化验基础上，基于 GIS 技术平台建立土壤肥力评价基础信息资源库。充分利用现有数据及其成果，结合关中地区实际情况，采用数理统计学、相关系数法、层次分析法、特尔菲法、模糊综合评判法和地统计学等方法，量化单因素养分指标，构建评价模型，进行关中地区耕地土壤养分肥力评价研究。评价流程见图 8-1，具体评价步骤及其方法如下。

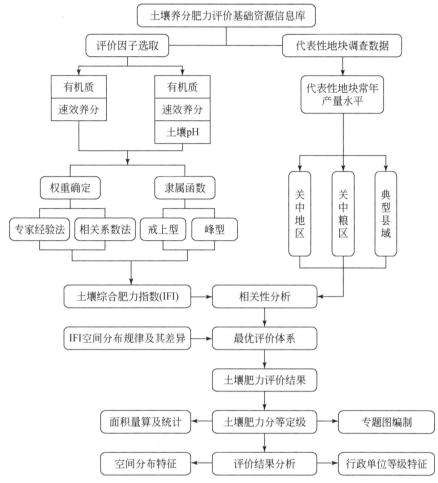

图 8-1   关中地区耕地土壤养分肥力评价流程图

8.2.1   参评指标的选取

土壤养分肥力的评价指标众多，其测定手续复杂烦琐，应用也比较困难（Singer and Ewing，1999；郑立臣等，2004）。出于实际应用的目的，现多选择代表控制肥力关键变量能力的指标。已有的相关研究多遵循最小数据集（minimum data set，DMS）原则（张华和张甘霖，2001；王子龙等，2007；曹志洪，2008），以主导性、实用性、可测量性、差异性、精确性作为筛选原则，常选用土壤有机质、速效氮（全氮）、有效磷、速效钾和 pH，作为土壤养分肥力评价的分析性指标，其中土壤 pH 是否适于参评存在一定程度的争议（赵汝东，2008；崔潇潇等，2010；易秀等，2011；方睿红等，2012；张冬明等，2014；李志鹏等，2014）。结合关中地区耕地实际情况，本次评价以土壤 pH 参评与否，提出两套参评指标体系，即：①有机质、速效氮、有效磷、速效钾；②有机质、速效氮、有效磷、速效钾和 pH。

8.2.2 样点数据的选取

为充分、有效地利用已有的实测数据，本书在关中地区土壤养分数据库中选取具有 ≥3 项土壤养分实测属性的样点参与评价研究。参与评价研究的样点数据中缺少的养分数据，采用其 Kriging 空间插值的估测值来代替。本次土壤养分肥力评价，共选取了 62 951 个样点。

8.2.3 参评指标隶属度的确定

模糊综合评判法是以隶属度来刻画客观事物中的模糊界限；隶属度是模糊数学中的一个重要概念，可用隶属函数模型来表达（李效芳，1989；叶文虎和栾胜基，1994）。通过隶属函数模型可将不同量纲的数据转换成无量纲的，介于 0 ~ 1 的标准数据即隶属度，其值的大小反映了该指标对目标贡献的大小。根据土壤肥力因子的作物产量的效应曲线将隶属函数模型分为 2 种，即抛物线型和生长指数型（郑立臣等，2004；王子龙等，2007）。为便于计算，当前众多研究将曲线型函数转化成相应的折线型分段函数（孙波等，1995；崔潇潇等，2010；李志鹏等，2014）。鉴于线型函数表达的变化细腻程度及其拟合效果不及曲线型函数，本研究依据《耕地地力调查与质量评价技术规程》（NY-T 1634—2008），对土壤养分数据采用戒上型函数，土壤 pH 采用峰型函数。

（1）戒上型函数模型

适于该函数模型的参评指标，其数值越大，土壤肥力水平越高，但到达某一临界值后，其对土壤肥力的正贡献率也趋于恒定（如土壤有机质、养分含量等）。

$$F_i = \begin{cases} 0 & u_t \leqslant u_i \\ 1/(1 + a_i(u_i - c_i)^2) & c_i < u_i < u_t, (i = 1, 2, \cdots, n) \\ 1 & u_i \leqslant c_i \end{cases} \quad (8\text{-}1)$$

式中，F_i 是第 i 个因子的隶属度；u_i 为实测值；c_i 是标准指标；a_i 是系数；u_t 是指标下限值。

（2）峰型函数模型

适于该函数模型的参评指标，其数值离特定的范围距离越近，相应的隶属度越高，土壤肥力水平越高（如土壤 pH 等）。

$$F_i = \begin{cases} 0 & u_i > u_{t1} \text{ 或 } u_i < u_{t2} \\ 1/(1 + a_i(u_i - c_i)^2) & u_{t1} < u_i < u_{t2} \\ 1 & u_i = c_i \end{cases} \tag{8-2}$$

式中，F_i 是第 i 个因子的隶属度；u_i 为实测值；c_i 是标准指标；u_{t1}、u_{t2} 分别是指标上、下限值。

不论采用何种隶属函数，在计算隶属度时，各隶属函数阈值的确定是至关重要的，直接关系到评价结果的准确性。目前，阈值主要是根据长期生产实践的总结和专家评定来确定的。本研究采用特尔菲法对各参评指标的实测值评估出相应的隶属度，并根据 2 组数据拟合隶属函数（表 8-1），进而求得隶属函数中各参数值，再将各参评指标的实测值带入对应的隶属函数中计算，即可得到各参评指标的隶属度。

表 8-1　关中地区耕地土壤养分肥力指标隶属函数

函数类型	肥力指标（单位）	隶属函数	标准指标（c）	临界值（u_t）
戒上型	有机质（g/kg）	$Y = 1/(1 + 0.011\,738\,8 \times (u - c)^2)$	23.05	3
戒上型	速效氮（mg/kg）	$Y = 1/(1 + 0.000\,397\,6 \times (u - c)^2)$	111.96	10
戒上型	有效磷（mg/kg）	$Y = 1/(1 + 0.002\,335\,5 \times (u - c)^2)$	34.63	2
戒上型	速效钾（mg/kg）	$Y = 1/(1 + 0.000\,114\,0 \times (u - c)^2)$	232.70	30
峰型	pH	$Y = 1/(1 + 0.352\,504\,8 \times (u - c)^2)$	7.00	$u_{t1}=5.0$, $u_{t2}=9.0$

8.2.4　参评指标权重值的确定

权重值反映了各参评指标在综合决策过程中所占的地位和所起的作用程度，直接影响到综合评价的结果。常用的权重确定方法有层次分析法、相关系数法、熵值法、回归分析法等，其中层次分析法、相关系数法的应用较为广泛（崔潇潇等，2010；卢文喜等，2011；易秀等，2011；方睿红等，2012；李志鹏等，2013）。

8.2.4.1　基于特尔菲法（专家调查法）构造判断矩阵

层次分析法的基础是人们对每一层次中各参评指标相对重要性给出的判断，

这些判断通过引入合适的标度用数值表示出来，构造判断矩阵。判断矩阵元素的值即反映了人们对各参评指标相对重要性的认识，一般采用 1~9 及其倒数的标度方法。本研究中判断矩阵的元素标度采用特尔菲法。特尔菲法又称专家调查法是根据经过调查得到的情况，凭借专家的知识和经验，直接或经过简单的推算，对研究对象进行综合分析研究，寻求其特性和发展规律，最终产生评价与判断。建立比较矩阵后，便可求出各个参评指标的权重值；同时，采用和积法计算出该矩阵的最大特征根及其对应的特征向量，以判断矩阵最大特征根以外的其余特征根的负平均值作为一致性指标，用以检查和保持决策者判断思维过程的一致性。本书中，基于特尔菲法构造的判断矩阵见表 8-2，具体权重系数详见表 8-3。

表 8-2　基于特尔菲法构建的关中地区耕地土壤养分肥力指标判断矩阵

指标	有机质	速效氮	有效磷	速效钾	pH
有机质	1. 0000	2. 0000	2. 0000	2. 5000	3. 5000
速效氮	0. 5000	1. 0000	1. 0000	1. 5000	2. 5000
有效磷	0. 5000	1. 0000	1. 0000	1. 5000	2. 5000
速效钾	0. 4000	0. 6667	0. 6667	1. 0000	2. 0000
pH	0. 2857	0. 4000	0. 4000	0. 5000	1. 0000

注：土壤 pH 不参评时，判断矩形一致性比例为：0.001540184；土壤 pH 参评时，判断矩形一致性比例为：0.004614038，比例均小于 0.1，通过一致性检验，权重分配合理。

表 8-3　关中地区耕地土壤养分肥力综合评价体系

评价体系	参评指标［权重值］	权重值确定方法
IFI-1	OM［0. 4146］, AN［0. 2169］, AP［0. 2169］, AK［0. 1516］	特尔菲法
IFI-2	OM［0. 3647］, AN［0. 2025］, AP［0. 2025］, AK［0. 1458］, pH［0. 0845］	特尔菲法
IFI-3	OM［0. 3096］, AN［0. 3149］, AP［0. 1915］, AK［0. 1840］	相关系数法
IFI-4	OM［0. 2775］, AN［0. 2496］, AP［0. 1591］, AK［0. 1807］, pH［0. 1331］	相关系数法

8.2.4.2　相关系数法

相关系数法具体计算步骤：计算土壤养分肥力综合评价中的各参评指标间的相关系数并取其绝对值，继而求出单项参评指标与其他参评指标之间的相关系数的平均值，以该单项参评指标的平均值占所有参评指标间相关系数绝对平均值总和的比例，作为该单项参评指标在土壤养分肥力综合评价中的权重值（王子龙等，2007；高原，2009；崔潇潇等，2010；张冬明等，2014）。本书中该方法所得的具体权重值详见表 8-3。

8.2.5　土壤养分肥力指数的计算

本研究以模糊数学中的加乘法原则为原理，利用各项参评指标的权重值及其对应的隶属度值，计算土壤养分的综合肥力指数（integrated fertility index，IFI）。评价过程中因考虑到土壤 pH 参评的合理性及参评指标权重的确定方法，共提出4 种评价体系，计算出 4 种 IFI 值（表 8-3）。

$$\text{IFI} = \sum \left(F_i \times W_i \right) \tag{8-3}$$

式中，F_i 是第 i 项土壤肥力评价的隶属度值；W_i 是第 i 项土壤养分肥力评价指标的权重值。IFI 取值为 [0，1]，其值越高，表明土壤养分肥力水平越好。

8.2.6　评价结果检验方法

已有的评价研究，其评价结果普遍缺乏检验，其区域的适用性、合理性有待考量。本研究采用产量相关分析法对 4 项评价体系的土壤养分肥力评价结果进行检验，选取最优评价体系及其评价结果。

关中地区产量整体呈中部高、南北部低格局，与土壤养分含量空间上存在一定的差异。差异性地区多集中在秦岭山区及其北麓和渭北高原中北部地区。秦岭山区及其北麓气温低、降水多、蒸发少、开垦历史短，有机质分解较弱，含量积累高，但该区域土体构型不良，多是夹沙土，土壤潜在生产力低，产量亦低；渭北高原地势高、地形破碎、气温高、降水少，其产量水平多受地形、温度、灌溉条件等影响，加之农业特色如宜君的地膜玉米等的发展，使得该区整体产量水平与土壤养分含量间的相关性不强。用整体产量水平来检验关中地区耕地土壤肥力水平存在一定的不足和欠缺，应考虑地域特点进行比较与分析，以提高说服力；同时，通过产量相关分析可反观其差异性存在的原因及问题，可更好的服务于农业生产，为耕地地力评价提供有力参考，为测土配方施肥项目的推进提供科学依据。

鉴于关中地区实际情况，本研究采用整体区域、典型地域两个层面的代表性地块的常年产量水平对评价结果进行检验，选取其最优的评价体系。两个层面的检验样本分别是：①关中地区及其辖内 22 个平原区产粮基地县的代表性地块的常年产量水平作为整体区域检验样本；②不同地貌类型区的典型农业县（渭北台塬区—蒲城县、渭北高原区—彬县、秦岭山区—凤县）中的代表性地块的常年产量水平作为典型地域检验样本，以期降低地形、气候等自然因素，灌溉条件、种植模式、农业结构等人为活动对产量的影响程度。

8.3 综合肥力指数计算与剖析

8.3.1 参评指标及综合肥力指数 IFI 基本特征

本次评价中，前 4 项土壤养分肥力指标的统计特征（表 8-4）与其原始数据集（表 7-1）中的统计特征极为相似。2 项数据集中，前 4 项养分肥力指标的含量极值范围一致；变异系数均处于 30% ~ 60%，均属中等变异强度，其强度均依次表现为：有效磷>速效氮>速效钾>有机质；分布形态上，均表现为正偏态分布特征。本次评价中各养分肥力指标的平均含量略有降低，具体表现为：有机质下降了 0.05 g/kg，速效氮下降了 0.08 mg/kg，有效磷下降了 0.09 mg/kg，速效钾下降了 0.27 mg/kg，其降低幅度均控制在 0.50% 以内。可见，本评价研究中选取的样点数据代表性强。土壤 pH 为 5.0 ~ 9.0，平均 7.96，呈弱碱性；变异系数小于 10%，属弱的变异强度。

表 8-4　关中地区耕地土壤养分肥力指标及综合肥力指数基本统计特征（$n=62\,951$）

指标	最小值	最大值	平均值	中值	标准差	变异系数	偏度	峰度
OM（g/kg）	3.00	50.60	14.86	14.20	4.47	30.11	1.18	6.54
AN（mg/kg）	10.00	203.00	69.28	66.00	28.13	40.60	0.95	4.59
AP（mg/kg）	2.00	88.10	21.34	18.90	11.80	55.31	1.20	4.83
AK（mg/kg）	30.00	486.00	169.39	162.00	58.15	34.33	0.91	4.48
pH	5.00	9.00	7.96	8.00	0.43	5.35	−1.80	8.97
IFI-1	0.23	1.00	0.61	0.60	0.14	23.25	0.36	2.52
IFI-2	0.27	1.00	0.62	0.61	0.13	20.76	0.35	2.53
IFI-3	0.23	1.00	0.61	0.60	0.14	22.92	0.33	2.50
IFI-4	0.28	1.00	0.63	0.62	0.12	19.04	0.33	2.54

由各养分肥力评价指标所计算的土壤养分综合肥力指数 IFI 的统计特征与评价指标的统计特征较为相似，均处于中等变异性强度，但其变异强度均低于参评指标；表现为右偏态，不足的、较为平坦的峰度分布特征。同时发现，土壤 pH 参评计算所得的 IFI-2 和 IFI-4 的极小值和平均值分别高于其未参评的 IFI-1、IFI-3，而标准差则相对降低，继而使其变异系数（强度）均低于后者，分布趋势向区域均匀化方向发展。此外，通过 Box-Cox 变换即幂变换（$\lambda_{IFI-1}=0.14$，$\lambda_{IFI-2}=0.09$，$\lambda_{IFI-3}=0.18$，$\lambda_{IFI-4}=0.15$）后，各项 IFI 数据基本符合正态分布。

8.3.2 IFI 空间结构特征

不同评价体系下土壤养分的综合肥力指数 IFI 的最优半方差函数及其参数见表 8-5，半方差函数图见图 8-2。由此可知，各项 IFI 值在变程范围内的点逼近理论模型曲线，残差标准差 RSS 接近于 0，决定系数 R^2 接近于 1，表明本研究拟合的各项半方差函数理论模型具有较高的拟合精度。各项 IFI 的最优半方差理论模型均为指数模型，且其空间相关距相近，为 55~58 km²，块金系数接近，其值为 0.25~0.75，均表现为中等强度的空间相关性，表明空间变异受结构性因素和随机因素共同作用即受关中地区水热条件和耕作管理的综合影响。由块金系数值来判断，随机因素起着相对更为重要的作用。同时，空间自相关性统计指标全局 Moran's I 指数分析表明，4 项 IFI 均表现为空间聚集特征，均具有极显著的空间相关性（$P<0.01$），且其自相关性强度与块金系数值所表达的空间结构性特征呈现出相同规律，即 IFI-3>IFI-4>IFI-1>IFI-2。

表 8-5　关中地区耕地土壤养分综合肥力指数（IFI）最优半方差理论模型及其参数

指标	模型	变程(km)	块金值	基台值	块金系数	RSS	R^2	Moran's I	Z
IFI-1	指数 E	55.35	0.026 22	0.043 33	0.605 1	8.65×10^{-7}	0.996	0.313	686.61
IFI-2	指数 E	57.97	0.022 42	0.036 76	0.610 0	1.22×10^{-6}	0.992	0.313	685.11
IFI-3	指数 E	55.65	0.024 86	0.042 94	0.578 9	9.66×10^{-7}	0.996	0.329	721.83
IFI-4	指数 E	58.31	0.019 27	0.031 87	0.604 6	1.42×10^{-6}	0.988	0.320	700.09

具体比较而言，在参评指标隶属度一致的情况下，土壤 pH 参评的评价体系即 IFI-2、IFI-4 的块金系数值和变程分别高于 IFI-1、IFI-3，Moran's I 指数和标准化 Z 值则分别低于后者；以相关系数法确定权重值的评价体系即 IFI-3、IFI-4 的块金系数值分别低于 IFI-1、IFI-2；而其变程、Moran's I 指数及其标准化 Z 值分别高于后者。综合分析可知，土壤养分的综合肥力指数 IFI 的空间结构性特征的表达上，土壤 pH 未参评的体系优于其参评体系，以相关系数法确定权重值的评价体系优于特尔菲法确定的体系。分析认为，关中地区耕种土壤 pH 的变化多受灌溉、施肥等人为活动影响，不合理的灌溉会产生盐渍化，提高土壤 pH；施用石灰和生理酸性肥料或碱性肥料都会降低或提高土壤 pH；增大有机肥料在一定程度上会降低土壤 pH 等；土壤 pH 与土壤养分含量间通常具有极显著的负相关性（$P<0.01$），这些在一定程度上加强了土壤 pH 参评体系中 IFI 的随机结构特征。相关系

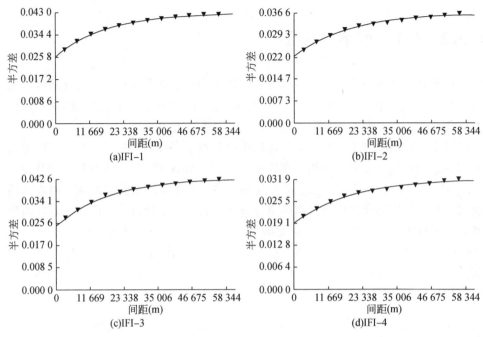

图 8-2　关中地区耕地土壤养分综合肥力指数半方差函数图

数法相比专家经验法，参评指标中土壤有机质、有效磷和 pH 的权重低、土壤速效氮与速效钾的权重高，结合前述研究，发现空间结构性相对较强的参评指标权重高，从而在一定程度上加强了相关系数法评价体系中 IFI 的空间结构性特征。

8.3.3　最优评价体系的选取

根据表 8-5 构建的最优半方差理论模型及其参数，结合普通克里格法，绘制各项 IFI 空间分布图如图 8-3 所示，插值精度如表 8-6 所示。

表 8-6　关中地区耕地土壤养分综合肥力指数空间插值精度

评价体系	插值范围	训练样本（$n=50\,360$）				验证样本（$n=12\,591$）			
		MAE	MRE	RMSE	R	MAE	MRE	RMSE	R
IFI-1	0.35~0.94	0.071	12.66	0.092	0.703**	0.075	14.63	0.098	0.652**
IFI-2	0.38~0.94	0.073	12.07	0.093	0.705**	0.078	12.92	0.098	0.656**
IFI-3	0.36~0.93	0.077	13.30	0.090	0.716**	0.073	14.32	0.105	0.662**
IFI-4	0.40~0.91	0.070	11.14	0.085	0.711**	0.073	11.97	0.093	0.660**

注：**表示相关系数水平在 0.01 水平显著，下同。

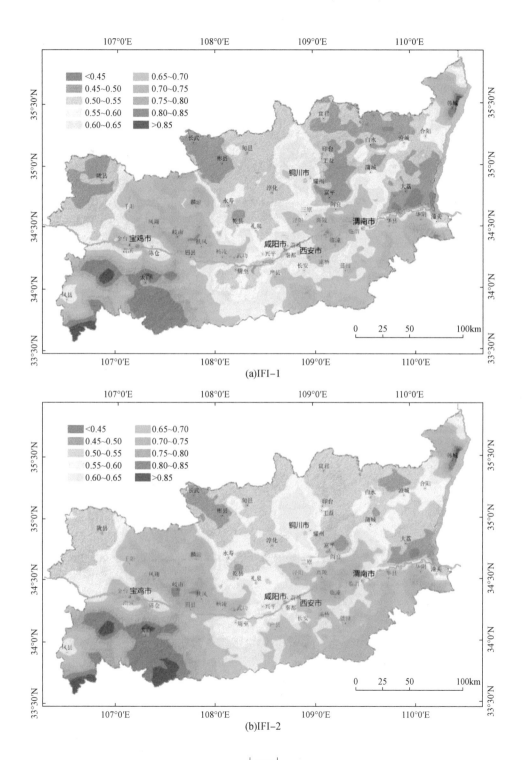

(a)IFI-1

(b)IFI-2

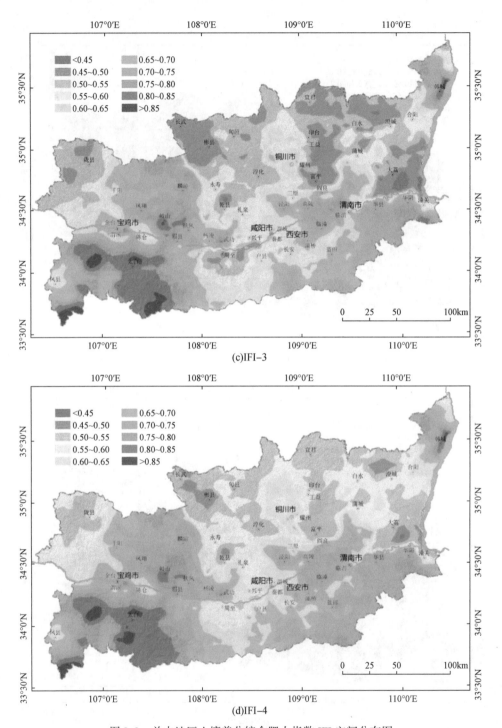

(c)IFI-3

(d)IFI-4

图 8-3 关中地区土壤养分综合肥力指数 IFI 空间分布图

4 项 IFI 空间分布整体均呈南高北低、西高东低的分布格局，高值区（>0.80）集中在东北角的韩城市和西南角的太白县、凤县等地，低值区（<0.45）集中在东部的大荔县内。4 项 IFI 空间分布格局相似，图层间均达到极显著的相关关系（$P<0.01$），相关系数均在 0.98 以上，其中 IFI-1 和 IFI-3 更相近（$R=0.991$，$P<0.01$），IFI-2 和 IFI-4 更相近（$R=0.990$，$P<0.01$）。IFI 空间差异主要集中在咸阳市、铜川市和渭南市北部，这种差异性主要源于土壤 pH，土壤 pH 未参评的 IFI-1、IFI-3 普遍较低，但其斑块镶嵌结构明显，图形信息更为丰富。

通过不同区域常年产量水平的检验（表 8-7），土壤 pH 参评的 IFI-2、IFI-4 的相关系数分别低于其未参评的 IFI-1、IFI-3。由此可见，土壤 pH 不适于参加关中地区耕地土壤肥力评价。权重确定方法上即 IFI-1 和 IFI-3，除彬县外，基于专家经验法的 IFI-1 相对更优。综合比较分析，本研究选取的最优评价体系为 IFI-1。

表 8-7　不同区域代表性地块常年产量水平与土壤养分综合肥力指数间的相关性统计

区域	样本数	IFI-1	IFI-2	IFI-3	IFI-4
关中地区（50 县）	3000	0.424**	0.420**	0.410**	0.407**
关中粮食主产区（22 县）	1502	0.578**	0.569**	0.572**	0.560**
秦岭山区—凤县	50	0.418**	0.383**	0.394**	0.391**
渭北台塬—蒲城县	90	0.585**	0.583**	0.571**	0.559**
渭北高原—彬县	84	0.343**	0.334**	0.349**	0.336**

8.4　评价结果与分析

8.4.1　土壤养分肥力水平分等定级

以关中地区耕地土壤养分综合肥力指数 IFI-1 为依据，按照拐点法兼顾等间距法将关中地区耕地土壤养分肥力划分为 5 个等级，分级标准及其等级面积见表 8-8，耕地土壤养分肥力等级空间分布图见图 8-4。

表 8-8　关中地区耕地土壤养分综合肥力指数（IFI）分级标准及面积统计

IFI	肥力水平	肥力等级	面积（km^2）	面积百分比（%）
>0.72	优	I	2213.92	10.32
0.64~0.72	良好	II	4902.67	22.85

续表

IFI	肥力水平	肥力等级	面积（km²）	面积百分比（%）
0.56 ~ 0.64	中等	Ⅲ	5166.87	24.08
0.48 ~ 0.56	较差	Ⅳ	7112.08	33.14
≤0.48	差	Ⅴ	2061.91	9.61

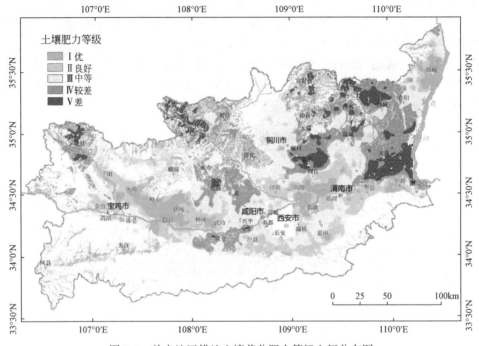

图8-4　关中地区耕地土壤养分肥力等级空间分布图

由表8-9可知，关中地区各地貌类型及行政单位间的 IFI 均存在极显著性差异（P<0.01）。为充分了解与掌握关中地区不同分区耕地土壤养分肥力水平，为土壤改良分区提供科学依据，以便更好的指导农业生产，以地貌类型区和行政单位进行土壤养分肥力等级面积统计分析（表8-10，表8-11）。

表8-9　关中地区地市级及各地貌类型区耕地土壤养分综合肥力指数 IFI 差异性统计分析

地市级	样本数	平均值±标准误	地貌类型	样本数	平均值±标准误
西安市	12 775	0.64±0.001b	渭北高原	14 108	0.55±0.001c
铜川市	4 894	0.55±0.002e			

地市级	样本数	平均值±标准误	地貌类型	样本数	平均值±标准误
宝鸡市	11 632	0.68±0.001a	关中平原	47 220	0.62±0.001b
咸阳市	18 380	0.57±0.001d			
渭南市	15 270	0.58±0.001c	秦岭山区	1 623	0.74±0.004a

表 8-10 关中地区各地貌类型区耕地土壤养分肥力等级面积统计

地貌类型	参数	I 级地	II 级地	III 级地	IV 级地	V 级地
渭北高原	面积（km^2）	238.61	760.76	907.76	2688.50	423.47
	百分比（%）	4.75	15.16	18.09	53.57	8.44
关中平原	面积（km^2）	1811.35	3999.78	4202.65	4415.76	1638.44
	百分比（%）	11.27	24.89	26.16	27.48	10.20
秦岭山区	面积（km^2）	163.96	142.13	56.45	7.83	—
	百分比（%）	44.27	38.37	15.24	2.11	—

表 8-11 关中地区地市级行政单位耕地土壤养分肥力等级面积统计

地级市	参数	I 级地	II 级地	III 级地	IV 级地	V 级地
西安市	面积（km^2）	509.42	1419.37	898.33	409.82	10.49
	百分比（%）	15.69	43.71	27.66	12.62	0.32
铜川市	面积（km^2）	—	68.35	502.28	594.33	87.73
	百分比（%）	—	5.46	40.10	47.44	7.00
宝鸡市	面积（km^2）	1207.08	1702.25	645.80	659.26	102.89
	百分比（%）	27.96	39.43	14.96	15.27	2.38
咸阳市	面积（km^2）	98.64	715.91	1629.79	2160.68	244.38
	百分比（%）	2.03	14.76	33.61	44.56	5.04
渭南市	面积（km^2）	398.78	996.79	1490.67	3288.00	1616.42
	百分比（%）	5.12	12.79	19.13	42.20	20.75

8.4.2 土壤养分肥力空间分布特征

结合表 8-7 和图 8-3 可知，代表优质肥力水平的 I 级地面积 2213.92 km^2，占研究区耕地总面积的 10.32%，集中分布于关中平原东部的阎良—高陵—临潼—

临渭，西部的凤翔—岐山—扶风—武功一带和秦岭山区；此外，区东北角的韩城市东部、西北部的麟游县北部等地有零星分布。代表良好肥力水平的Ⅱ级地和代表中等肥力水平的Ⅲ级地，面积分别为 4902.67 km²、5166.87 km²，面积比例分别为 22.85%、24.08%，两者的主体部分集中分布于关中地区的千河以东至洛河以西的关中平原和渭北高原中部地区，此外秦岭山区和东北部合阳—韩城有部分分布。代表较差肥力水平的Ⅳ级地，面积 7112.08 km²，面积比例为 33.14%，集中分布于区北部的渭北高原地区，即除韩城市外的宜君—印台—耀州—富平—蒲城—大荔以北地区，中北部的永寿—乾县—礼泉—淳化北部地区，西北部的陇县及千河以西地区。代表差肥力水平的Ⅴ级地面积 2061.91 km²，占比 9.61%，分布散碎，主要分布在东北部的富平、白水、澄城和大荔县，渭北高原中北部的长武、彬县及西北部的陇县等地。

总体来说，关中地区耕地土壤肥力质量属中等偏上水平，整体呈南高北低、西高东低的分布趋势，其纵向空间变化趋势明显，与地貌特征大致相同，横向空间变异性强。

8.4.3 区域分布特征

关中地区农业种植历史悠久，农事活动频繁，县级行政单位作为其基层单位，是土地利用、管理和规划的最佳尺度（陈其春等，2009；刘钊等，2013）。关中地区县域内农田管理尤其是培肥模式基本相同，从而使土壤养分肥力空间分布上出现与县级行政界一致的情况。各县土壤养分肥力等级如图 8-5 所示。

地市级行政单位间土壤养分肥力水平存在显著性差异（表 8-11），表现为：宝鸡市>西安市>关中地区>渭南市>咸阳市>铜川市。西安市耕地土壤肥力空间上呈北高南低趋势，5 个肥力等级均有分布，集中于Ⅱ、Ⅲ级地，属中偏高肥力水平；铜川市耕地土壤肥力呈西南高、东北低格局，空间分异明显，跨Ⅱ、Ⅲ、Ⅳ和Ⅴ4 个等级，集中在Ⅲ、Ⅳ级地，属中偏低肥力水平；宝鸡市耕地土壤肥力空间上呈东南高、西北低格局，5 个肥力等级均有分布，集中于前 4 个等级，其中Ⅰ、Ⅱ级地分布较多，整体肥力水平较好；咸阳市耕地土壤肥力呈南高北低格局，空间分异明显，5 个肥力等级均有分布，以Ⅲ、Ⅳ级地为主，整体属中偏下肥力水平；渭南市耕地土壤肥力呈东北、西南高，中部低格局，空间分异明显，5 个肥力等级均有分布，以Ⅳ、Ⅴ级地为主，整体肥力较差。

县级行政单位中，耕地土壤养分肥力多跨 2~3 个肥力等级，其中太白、岐山多集中于Ⅰ级地；千阳、金台、渭滨、阎良、灞桥和华县多集中于Ⅱ级地；中部的秦都、渭城和兴平多集中于Ⅲ级地；北部的陇县、旬邑、淳化、宜君、印台

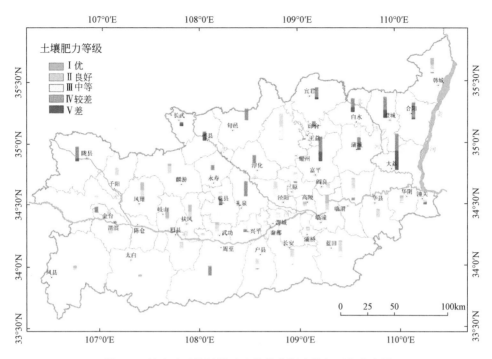

图 8-5　关中地区县域耕地土壤养分肥力等级面积分布图

和王益多集中于Ⅳ级地，长武多集中于Ⅴ级地。中西部的凤县、凤翔、扶风、武功和高陵以Ⅰ级地和Ⅱ级地为主；中部的眉县、户县、长安、蓝田和耀州以Ⅱ级地和Ⅲ级地为主；中北部的乾县、永寿、礼泉，西部的陈仓和中南部的周至以Ⅲ级地和Ⅳ级地为主；东北部的富平、大荔、白水、蒲城、澄城和合阳以Ⅳ级地和Ⅴ级地为主。东北角的韩城、东南部的华阴、潼关和临渭土壤肥力分异大，4 个肥力等级均有明显分布，需采取分区管理措施。

8.5　讨论与结论

8.5.1　讨论

　　通过常年产量水平与土壤养分的综合肥力指数的相关性分析，反观差异性地区发现，除了受地形条件、土壤质地、农业生产结构等条件限制的秦岭山区、渭北高原中北部地区外，还有关中平原腹地的兴平市、长安区等地。关中平原区土壤养分肥力呈东、西高，中部低格局，中部土壤肥力多集中于中等水平。然而，从空间地理特征看，中部的自然条件相对更优越，更适宜耕种，现实中该区产量水平相对也较高。分析认为，关中平原腹地农田代表性高，垦殖率高达 70% 以上，复种指数高，存在争养、养分失衡现象；但该区地势平坦，光照充足，灌溉便利，土体构型较好，化肥施用量较多，在土壤有机质及养分含量相对不高的情况下，亦然能够获得较高的产量，但是以目前的产量水平同自身的优越条件相比是不高的，若盲目乐观，不采取有力措施改良培肥土壤，产量提高量会很少甚至停滞。同在关中平原中部的周至县、户县北部及兴平市南部则因渭河影响，多数耕地位于河漫滩和一级阶地，以及山前洪积扇，地下水位高，土壤质地差，土壤有机质及各养分含量相对较低，使得其土壤养分肥力较差。综合分析，影响关中地区土壤肥力的因素纵向主要是地形条件、降水、气温、土壤性质等自然条件，横向因素主要是灌溉条件、培肥模式、农业生产结构等人为活动。在深入进行关中地区耕地地力评价研究时，除了土壤肥力状况外，还应充分考虑地形地貌等立地条件，气温、降水等气候条件，灌溉能力，土壤质地、结构等土壤性质的差异。

8.5.2　结论

本研究在关中地区耕地土壤养分研究的基础上，结合关中地区实际情况，采用模糊数学法、专家经验法、地统计学等方法，结合 GIS 技术，量化土壤单因素养分指标（土壤有机质、速效氮、有效磷、速效钾和 pH），进行养分综合肥力评价。以土壤 pH 是否参评，不同权重系数的确定方法（相关系数法和专家经验法），构建 4 种土壤养分肥力评价体系，以产量相关法进行检验来选取最优评价体系，继而进行该区土壤养分肥力的空间特征研究。

当前关中地区耕地土壤肥力评价中，4 种评价体系所计算的土壤养分综合肥力指数的统计特征较为相似，均具有中等变异强度，表现为中等强度的空间相关性，具有极显著的空间自相关性；土壤养分肥力评价结果图反映出的空间分布规律基本一致。土壤 pH 的参与使得土壤养分肥力水平相对均匀集中，空间分布连续性增强，掩盖了局部变异特征，评价结果不理想，不适于参评；专家经验法确定的权重值相较相关系数法能更好的表达土壤养分肥力的空间变异性特征，评价结果更为合理。

关中地区耕地土壤养分肥力质量整体属中等偏上水平，地貌类型及行政区划间均存在显著性差异（$P<0.05$）。土壤养分肥力空间上整体呈南高北低、西高东低格局，其纵向空间变化趋势显见，与地貌特征大致相同，横向空间变异性强。

影响关中地区土壤养分肥力的因素纵向主要是地形条件、降水、气温、土壤性质等自然条件，横向因素主要是灌溉条件、培肥模式、农业生产结构等人为活动，随着人为活动的规模及强度的不断增大、增强，其地理区位导向作用也愈发明显。

|第9章| 结果与展望

9.1 主要结果

关中地区是陕西省粮食主产区，其主体区域为古称"八百里秦川"的关中平原，是我国北方重要的小麦和玉米产区。对整个关中地区耕地土壤养分资源的整体认识，将服务于区域精准农业战略、农田生态环境保护、农业结构调整等中的宏观决策，具有提纲挈领的作用。本研究立足于区域尺度，在陕西省耕地地力调查与质量评价项目和测土配方施肥项目的支持下，以 2009 ~ 2011 年关中地区高密度采样数据为基础，采用经典统计学、数理统计学、模糊数学法、地统计学和 GIS 技术相结合方法，着重研究关中地区耕地土壤大量元素养分（有机质、速效氮、有效磷和速效钾），微量元素（有效态铁、锰、锌和铜）的空间结构特征、空间分布特征、时空变化规律及其影响因素，并探讨区域土壤养分的合理采样数量，最后对该区土壤养分肥力进行综合评价研究。主要结果如下：

1）以关中平原为研究对象，基于该区高密度采样数据，通过随机抽取生成不同采样数量系列下的样点数据集，研究采样数量（间距）对土壤大量元素养分的统计参数、空间变异性特征和地统计学空间插值分析的影响，探讨该区土壤养分的合理采样数量。研究表明，土壤养分的空间变异性具有明显的尺度效应。随采样数量的减小、采样间距的增大，土壤养分含量的极差缩小，其变异系数、块金系数、分维数与采样数量（间距）间存在极显著的相关性。土壤速效氮和有效磷的空间结构性变异随采样数量的减少、间距的增大呈增大趋势，小尺度因素被掩盖，受较大尺度的因素影响；土壤有机质和速效钾的空间结构性变异则随之大致呈下降趋势，随机因素起相对更为重要的作用。空间自相关性（空间集聚特征）随采样数量的减少、采样间距的增大而减弱；标准化 Z 值在平均采样间距 3000 m 后明显趋平。各养分序列中，随采样数量的减少，各养分空间结构特征与采样间距间的关系变化复杂，多呈 U 型或倒 U 型多项式变化。采样数量的减少，在一定程度上增加了 Kriging 估值的平滑效应，使得预测的极差和标准差减小、变异系数下降。基于地统计学 Kriging 方法研究时，该区土壤有机质样本数不应低于 2460 个，速效氮不应低于 2271 个，有效磷不应低于 2989 个，速效钾不应低于2972个；进一步同时满足原始数据的半方差结构稳定性及其插值精度要求时，较为合理的采样数量为：有机质4806个，速效氮10 835个，有效磷14 261个，速效钾9076个。可根据实际的应用需求，降低精度要求，适当的减少本研究中的合理采样数量。Cochran最佳采样数量计算法不适用于关中平原区等大尺度区域，盲目的使用会造成采样点数量严重不足、代表性较差，无法构建准确、稳定的半方差结构，进而造成Kriging插值结果严重失真。合理的采样数量或采样尺度的确定需充分结合统计特征和空间结构特征进行分析研究。此外，样点的布局也是影响空间结构特征及插值精度的重要因素。

2）以渭北台塬区农业县——蒲城县和典型的城乡交错带——长安区为例，开展以有机质为辅助变量的协同克里格法在土壤全氮空间估值及采样数量优化中的适用性研究。研究结果表明，该方法适用于目前蒲城县和长安区的耕地土壤全氮的空间估值研究；以长安区为例，其取样数量减少至85%（548个）时仍能保持土壤全氮初始全部样点（645个）中的空间结构特征及其插值精度。该方法在采样数量相同且主、辅变量空间结构特征及空间相关距一致时，相较单变量的普通克里格法更优，其不仅能够构建更为准确、稳定的半方差函数，提高空间估值精度，同时能提供更多的局部变异信息，但该方法不适用于进行栅格比值运算获取土壤碳氮比。主、辅变量空间相关距的差异是影响协同克里格法应用的重要因素。

3）采用传统统计学结合陕西省第二次土壤普查时期土壤养分分级标准分析，现阶段关中地区耕地土壤大量元素养分中有机质、全氮含量低，速效氮和有效磷含量中等，速效钾含量丰富；微量元素中有效铁、锰和锌含量中等，有效铜含量丰富；养分比值上，土壤碳/氮略高，土壤速效氮/有效磷较高，土壤氮、磷比例失衡现象突出。

大量元素养分中有机质为2～50.6 g/kg，全氮为0.10～2.20 g/kg，速效氮为10～203 mg/kg，有效磷为2～88.10 mg/kg，速效钾为30～486 mg/kg，平均含量分别为14.91 g/kg、0.84 g/kg、69.36 mg/kg、21.43 mg/kg和169.66 mg/kg，依次处于陕西省土壤养分分级标准的第5、5、4、3、2级；微量元素中有效铁为0.10～35.80 mg/kg，有效锰为1～38.80 mg/kg，有效锌为0.10～3.79 mg/kg，有效铜为0.10～3.90 mg/kg，平均含量分别为7.67 mg/kg、11.10 mg/kg、1.30 mg/kg和1.39 mg/kg，依次处于陕西省土壤养分分级标准（5级）的第3、3、4、4级，均高于陕西省及全国的缺素临界值。土壤养分比值中，碳/氮1.87～36.34，平均比值为10.87，略于中国农田平均水平（10）；速效氮/有效磷0.16～40，平均比值4.31，高于作物适宜的水平（2～3）。

变异系数上，依据Nielsen（1985）的划分标准，9种土壤养分和2种土壤养分比均属中等变异强度，以速效氮/有效磷最大（74.78%），大量元素养分中以有效磷（55.46%）最大，微量元素中以有效铁（64.94%）最大，变异系数由大到小为：有效铁>有效锌>有效磷>有效锰>有效铜>速效氮>速效钾>有机质>全氮。

土壤养分间普遍存在相关性，其中有机质与其他养分均存在极显著的正相关关系（$P<0.01$），其中有机质与全氮、速效氮，有效铜和有效锌的相关系数较大。

4）采用半方差结构、分维数和空间自相关性指标相互结合的方法刻画土壤养分的空间结构特征。依据 Cambardella 等（1994）划分标准，关中地区及地貌分区中耕地土壤养分均属中等强度的空间相关性，具有极显著的空间自相关性（$P<0.01$），空间聚集特征明显。关中地区全区及关中平原区土壤养分的最优半方差理论模型均为指数模型，渭北高原区土壤养分的最优半方差理论模型不尽相同，其中土壤有机质为指数模型，速效氮为高斯模型，有效磷和速效钾为球状模型。全区土壤养分的块金系数为 0.433 ~ 0.674，由大到小为：有机质>有效磷>速效钾>有效铜>速效氮>有效铁>有效锰>有效锌。分维数为 1.886 ~ 1.945，由大到小为：有机质>有效磷>有效铜>速效钾>速效氮>有效铁>有效锰>有效锌。空间自相关性指标全局 Moran's I 指数 0.22 ~ 0.387，由大到小：速效氮>有效锌>有效锰>有效铜>有效磷>有机质>速效钾>有效铁。关中地区耕地土壤大量元素养分中土壤速效氮的空间结构性较好，有机质和有效磷的空间变异性较强，速效钾的空间结构特征较为复杂；微量元素的空间相关性整体高于大量元素，以有效锌和有效锰的空间相关性较强。地域上，渭北高原区土壤养分的块金系数值均高于关中平原区，空间自相关性均明显低于后者；渭北高原区土壤养分的空间自相关性、空间结构连续性不及关中平原区；关中平原中土壤速效氮与有效磷的空间异质性高于渭北高原区。

5）采用地统计学中普通克里格插值法绘制关中地区耕地土壤养分分布图，定量、定位分析土壤养分的空间分布特征。关中地区土壤养分随地貌类型由北向南增加趋势明显，东西向空间变异性强、大致呈西高东低格局。

土壤大量元素养分中有机质含量以 10 ~ 20 g/kg（4 ~ 5 级）为主，其在渭河以北地区多集中于 8 ~ 18 g/kg，其他等级呈镶嵌状分布其上，渭河以南地区多集中于 18 ~ 30 g/kg，含量南北分布梯度变化较明显；速效氮含量以 45 ~ 90 mg/kg（4 ~ 5 级）为主，空间呈中部低、西部和南部高格局；有效磷含量以 10 ~ 30 mg/kg（3 ~ 5 级）为主，空间分异较明显，在关中平原腹地多呈碎斑状分布，南北多呈片状；速效钾高低值空间交错分布，变化规律不明显，含量以 150 ~ 200 mg/kg（2 级）为本底，其他等级呈镶嵌状分布其中。

　　土壤微量元素中有效铁含量以 5~10 mg/kg（3级）为主，空间等级分异明显，关中平原中东部地区图斑破碎、图形信息丰富，关中平原南部至秦岭山区空间含量连续性强、等级梯次变化明显；有效锰含量以 5~20 mg/kg（2~3级）为主，空间分布整体呈西南高、东北低格局，空间连续性强，东西分异明显；有效锌含量以 0.5~2.0 mg/kg（2~3级）为主，空间分布呈明显的南高北低格局，关中平原中部图斑相对破碎、图形信息丰富；有效铜空间分布整体呈南高北低格局，含量以 1.0~1.5 mg/kg（2级）为本底，其他等级多呈块状镶嵌其中，其中东部等级图斑多呈碎斑状散落分布，南北部则多呈片状或团块状分布。

　　基于"3414"田间肥效试验整理的速效养分丰缺指标（小麦和玉米），关中地区约30%的耕地缺少速效氮；46.91%的耕地对小麦和30.10%的耕地对玉米缺乏有效磷；仅有不足5%的耕地缺乏速效钾。土壤速效氮、有效磷缺乏区主要分布于区中东部地区，其中东部的富平—印台和大荔—澄城—合阳一带俱缺；速效钾缺乏区主要分布在中部的周至县和户县的河漫滩。以陕西省土壤有效态微量元素的丰缺指标为标准，全区中 11.48% 的耕地缺乏有效铁，5.95% 的耕地缺乏有效锰，39.67% 的耕地缺乏有效锌，这些缺乏地区多分布于渭北高原和关中平原东部地区。

　　6）采用相关系数法和单因素方差分析法，基于 GIS 技术的空间分析功能，进行土壤养分的影响因素分析。土壤养分与坡度、海拔等地形因子，年均降水量、积温等气候因子间存在极显著的相关性（$P<0.01$），表现出随地形起伏的增大而减少，随降水量、积温的增加而增加的规律；均与距城区、主干道路及水系沟渠的距离为代表的人为因素间呈极显著的负相关性（$P<0.01$），表现出近距离区含量高、远距离区含量低的规律，且以与水系沟渠、城区的距离相关性较强；在不同地貌类型、土壤类型间存在显著性差异（$P<0.05$）。整体上看，关中地区土壤养分主要受地形、气候和土壤性质等自然因素和施肥、灌溉、种植模式等人为活动共同作用。自然因素中的气候因子与土壤养分间的相关性明显高于地形因子，地貌类型间的差异性最大；在自然因素的基础上，人为活动及其地理区位导向作用对关中地区尤其是关中平原区土壤养分的分布起着更为重要的影响，表现为原低值的养分指标（如有效磷、有效锌和有效锰）与人为因素间的相关性更强，近城区土壤养分的增速较高，其在模糊了土壤性质等因素作用的同时，又增大了地形地貌间的差异。此外，空间数据的不确定性也可能是影响因子之一。

　　7）采用统计数据与空间等级叠加分析相结合的方式，探讨关中地区20世纪80年代和21世纪10年代两个时期土壤养分的时空变化特征。30年间，关中地区耕地土壤养分含量整体上有不同程度的增加，其中有效磷增速最快（197%），有效锌次之（130%），有效锰（80%），速效钾有增有减、整体略有增加（6.93%），余下养分增幅30%~50%；变异系数整体呈下降趋势。土壤养分的初始值显著影响着土壤养分的空间格局演变。土壤养分普遍呈现出原低值区含量提高且增速较快，原高值区含量增速较慢或略有降低，近城区增速较快的变化规律，等级由两端向中间级别靠拢，含量整体向区域均匀化方向发展；土壤养分比值中，碳/氮呈增加趋势，速效氮/有效磷呈下降趋势且原高、低比值区发生逆转；土壤类型上，两期土壤有机质、速效氮和有效磷的分布规律大致相同，即新积土、潮土和褐土的含量较高，黑垆土和黄绵土的含量较低，速效钾的变异性增大，但均以潮土含量最低。空间分布上，20世纪80年代时期土壤养分的空间等级镶嵌结构较突出，等级空间变异性较强，21世纪10年代时期土壤养分的空间等级区域化分异明显，多与行政区划、地貌分区一致。中部的关中平原区增速整体高于南、北部地区。人为施肥力度及侧重方向、秸秆还田、灌溉、种植模式、政策导向等是影响关中地区土壤养分时空变化的重要因素，地理区位导向也起着重要的作用。

大量元素养分中有机质含量主要由5~8级（6~15 g/kg）提升至4~6级（10~20 g/kg）；速效氮含量由5~6级（30~60 mg/kg）提升至4~5级（45~90 mg/kg）；有效磷含量由6~7级（3~10 mg/kg）提升至3~5级（15~30 mg/kg）；速效钾含量由1级（>200 mg/kg）、3~9级（<150 mg/kg）向2级（150~200 mg/kg）集中，含量下降与增加的区域均有明显分布，整体呈增加趋势；全氮含量多由5~6级（0.5~1.0 g/kg）提高到4~6级（0.60~1.25 g/kg）；大量元素养分含量的增速水平整体表现为有效磷>速效氮>有机质>全氮>速效钾。土壤养分比值中，碳/氮值主要由7~11提高到8~12；速效氮/有效磷值主要由3~10下降到1~6。

土壤微量元素的等级顺序与大量元素相反，有效铁含量主要由1~3级（<10 mg/kg）提升至3级（4.5~10 mg/kg）；有效锰含量主要由2~3级（1.0~15 mg/kg）提升到3~4级（5.0~30 mg/kg）；有效锌含量主要由1~3级（<1.0 mg/kg）提升到3~4级（0.5~3.0 mg/kg）；土壤有效铜含量主要由3级（0.2~1.0 mg/kg）提升到4级（1.0~1.8 mg/kg）。

8）在上述土壤养分研究的基础上，结合关中地区实际情况，采用模糊数学法、专家经验法、地统计学和GIS技术相结合的方法，量化单因素养分指标（有机质、速效氮、有效磷、速效钾和pH），进行养分肥力综合评价。以土壤pH是否参评，不同权重系数确定方法（相关系数法和专家经验法），构建4套土壤养分肥力评价体系，以产量相关法进行检验来选取最优评价体系。研究结果表明，

4 种评价体系得出的土壤养分肥力均具有中等强度的空间相关性，空间分布规律大致相同；土壤 pH 的参与会掩盖局部变异特征，使得土壤养分肥力水平相对均匀集中，空间分布连续性增强，但其评价结果不理想，不适于参评；专家经验法确定的权重值更为合理。关中地区耕地土壤养分肥力整体属中等偏上水平，Ⅰ级地为 10.32%，Ⅱ级地为 22.85%，Ⅲ级地为 24.08%，Ⅳ级地为 33.14%，Ⅴ级地为 9.61%；空间整体呈南高北低、西高东低格局。土壤养分肥力的区域分异与地貌类型密切相关。

9）关中地区农户存在施肥盲目化、经验化，重化肥轻有机肥，农艺措施不当等问题，造成氮肥利用率低、局部土壤磷素富集、钾素下降等现象。今后的农业生产中应将测土配方施肥与科技入户、农民培训工程等有机结合，转变农户施肥观念，规范农艺措施；密切关注土壤钾素的消耗、氮肥的有效补充和磷肥的控制，建立测土配方施肥动态指标体系，加强土壤培肥管理，平衡土壤养分；在积极提高土壤氮素水平的同时，应注意土壤碳素的归还水平，维持土壤碳氮耦合平衡，有效指导农业生产，提升生态与经济效益。

9.2 重要进展

1）首次对陕西省粮食主产区—关中地区耕地土壤的养分状况进行全面系统的分析与研究。立足于整个区域尺度，基于高密度采样数据，采用地统计学与GIS 技术相结合的方法，不仅揭示该区土壤大量元素和微量元素的空间变异特征、分布特征及影响因素，同时也分析了土壤养分丰缺、养分平衡状况，增进了对该区土壤养分资源的整体和全面的认识，为该区农业生产和社会经济发展提供决策依据。

2）探明了近 30 年间关中地区耕地土壤养分的时空变化规律及其影响因素，存在的问题等，为该区农业生产与管理提供科学依据。基于 GIS 技术平台，收集、整理历史数据，构建 20 世纪 80 年代耕地土壤数据库，并与 21 世纪 10 年代数据整合，丰富了关中地区土壤资源数据库，服务于该区土壤养分长时间序列的研究。

3）立足于关中平原区区域尺度进行土壤养分的合理采样数量研究，提出该区土壤有机质、速效氮、有效磷和速效钾的合理采样数量范围，同时分析了采样数量（间距）对该区耕地土壤养分统计参数估测、空间变异性特征和地统计学空间插值的影响，为区域耕地土壤采样设计提供科学依据，为采样尺度对 Kriging 分析结果的不确定分析提供实践基础。

4）研究以有机质为辅助变量的协同克里格法在关中地区县域耕地土壤全氮空间估值及采样数量优化的适用性，提出空间相关距是影响协同克里格法应用的重要因素，丰富了协同克里格法适用性的应用研究。

5）对关中地区耕地土壤养分肥力进行定量评价，以产量相关法检验，提出土壤 pH 的参与会掩盖局部变异特征，不适于参评的观点。

9.3 展　　望

尽管本书在揭示整个关中地区耕地土壤养分空间变异性、分布特征、丰缺格局及其影响因素、时空变化规律等方面取得了一定的进展，也提出适宜该区的养分肥力评价体系和区域合理的采样数量。但因本研究是基于大尺度区域的高密度采样数据，数据量庞大，数据处理十分耗时；区域尺度上，气候、土壤、地形以及人类活动等在时间和空间上复杂多变，其突变与渐变效应并存，加之尺度效应的影响，很多具体问题未能深入分析与探讨。

1）本研究分析了关中地区耕地土壤有机质、速效养分及微量元素等的水平分布规律、变化特征，未研究深层土壤剖面中土壤养分的垂直变异特征及其分布规律。

2）土壤养分的影响因素方面剖析不足。缺乏土壤物理属性方面的实测指标，在种植模式、灌溉等人为因素方面未能给予充分的定量说明。采用的方差分析法虽然能够说明各影响因素（土壤类型、土壤质地、地貌类型等）间土壤养分含量的差异性，但未能量化各影响因素对土壤养分空间变异性的解释程度，分析过程中有诸多文献辅助和宏观定性的讨论，关于结果形成的具体生态学过程、影响因子的贡献作用的定量描述，有待于进一步分析。

3）因土壤采样数量丰富、代表性强，且研究区域是以平原区为主，本研究主体部分仍然沿用常用的普通克里格插值方法，插值方法上创新不足。

今后，有待进一步研究的问题有以下方面。

1）以当前采样数据为先验信息，将土壤养分空间分布特征、肥力水平与作物类别、种植模式、土壤性质、地形、气候等因素相结合，划分关中地区农业区划，提出具体的培肥模式，并深入进行土壤养分采样数量优化及空间布局研究。

2）确定具有代表性的土壤养分关键研究区，开展多个次级尺度（采样幅度、采样间距等）研究，深入研究土壤养分空间变异特征及其影响因素，同时为土壤养分的尺度推绎提供现实依据。

3）挖掘已有的空间数据，结合高精度区曲面建模、神经网络等方法，克服普通克里格法的平滑效应，进一步提高插值精度；结合已有的遥感、气候、土壤等空间数据，实现具有高时间和空间分辨率的关中地区耕地土壤养分的数字制图，完善关中地区数字土壤数据库。

4）结合关中地区农业产业布局，可进一步对渭北台塬区进行苹果种植适宜性评价，眉县—周至—户县一带进行猕猴种植适宜性评价，中东部的临潼—阎良—临渭—华县—大荔一带进行棉花种植适宜性评价等，以期更好的指导农业生产，提高经济和生态效益。

参 考 文 献

白由路，金继运，杨俐苹，等．2001．农田土壤养分变异与施肥推荐．植物营养与肥料学报，
  7（2）：129-133.

曹一平，毛达如，王兴仁．1999．试论高产高效与科学施肥体系．北京：中国农业出版社．

曹志洪，周建民．2008．中国土壤质量．北京：科学出版社．

柴旭荣，黄元仿．2013．不同样本数量下土壤属性空间预测比较．中国农业科学，46（22）：
  4716-4725.

常栋，徐明康，王勇，等．2012．缓坡植烟田土壤微量元素的空间变异特征．中国烟草学报，
  18（3）：34-41.

陈发虎，马海洲，张宇田，等．1990．兰州黄土地球化学特征及其意义．兰州大学学报（自然
  科学版），26（4）：154-166.

陈光，贺立源，詹向雯．2008．耕地养分空间插值技术与合理采样密度的比较研究．土壤通报，
  39（5）：1007-1011.

陈洪斌，郎家庆，祝旭东，等．2003．1979-1999年辽宁省耕地土壤养分肥力的变化分析．沈阳
  农业大学学报，34（2）：106-109.

陈涛，常庆瑞，刘京，等．2013a．黄土高原南麓县域耕地土壤速效养分时空变异．生态学报，
  33（2）：554-564.

陈涛，常庆瑞，刘钊，等．2013b．耕地土壤有机质与全氮空间变异性对粒度的响应研究．农业
  机械学报，44（10）：122-129.

陈彦．2008．绿洲农田土壤养分时空变异及精确分区管理研究．新疆：石河子大学博士学位
  论文．

程朋根，吴剑，李大军，等．2009．土壤有机质高光谱遥感和地统计定量预测．农业工程学报，
  25（3）：142-147，8.

崔潇潇，高原，吕贻忠．2010．北京市大兴区土壤肥力的空间变异．农业工程学报，26（9）：
  327-333.

邓欧平，周稀，黄萍萍，等．2013．川中紫色丘区土壤养分空间分异与地形因子相关性研究．
  资源科学，5（12）：2434-2443.

丁峰，苏建平，邹忠，等．2005．江苏省如皋市土壤微量元素含量动态变化分析及有效性评价.
  上海农业学报，21（3）：88-93.

董国涛，张爱娟，罗格平，等．2009．三工河流域绿洲土壤微量元素有效含量特征分析．土壤，
  41（5）：726-732.

董凯凯，王惠，杨丽原，等．2011．人工恢复黄河三角洲湿地土壤碳氮含量变化特征．生态学

报，31（16）：4778-4782.

杜挺，杨联安，张泉，等 . 2013. 县域土壤养分协同克里格和普通克里格空间插值预测比
较——以陕西省蓝田县为例 . 陕西师范大学学报（自然科学版），41（4）：85-89.

范夫静，宋同清，黄国勤，等 . 2014. 西南峡谷型喀斯特坡地土壤养分的空间变异特征 . 应用
生态学报，25（1）：92-98.

范燕敏，武红旗，李美婷，等 . 2013. 新疆北部不同类型土壤光谱特征及对有机质含量的预测 .
干旱地区农业研究，31（6）：121-126.

方睿红，常庆瑞 . 2012. 关中平原台塬区土壤肥力模糊综合评价——以西安市长安区为例 . 干
旱地区农业研究，30（1）：25-29.

付莹莹，同延安，李文祥，等 . 2009. 陕西关中灌区冬小麦土壤养分丰缺指标体系的建立 . 麦
类作物学报，29（5）：897-900.

付莹莹，同延安，赵佐平，等 . 2010. 陕西关中灌区夏玉米土壤养分丰缺及推荐施肥指标体系
的建立 . 干旱地区农业研究，28（1）：421-428.

高义民 . 2013. 陕西渭北苹果园土壤养分特征时空分析及施肥效应研究 . 杨凌：西北农林科技
大学博士学位论文 .

耿晓燕 . 2010. 地方独立坐标系向 2000 国家大地坐标系转换研究 . 西安：西安科技大学硕士学
位论文 .

顾汝健 . 1992. 渭北台塬东部土壤微量元素含量与微肥效果 . 陕西农业科学，（2）：38-39.

郭龙，张海涛，陈家赢，等 . 2012. 基于协同克里格插值和地理加权回归模型的土壤属性空间
预测比较 . 土壤学报，49（5）：1037-1042.

郭熙，黄俊，谢文，等 . 2011. 山地丘陵耕地土壤养分最优插值方法研究——以江西省渝水区
水北镇为例 . 河南农业科学，40（2）：76-80.

郭鑫 . 2012. 罗江县农田土壤全氮协同克里格插值和采样数量优化研究 . 安徽农业科学，
40（5）：2576-2760.

郭旭东，傅伯杰，陈利顶，等 . 2000a. 河北省遵化平原土壤养分的时空变异特征——变异函数
与 Kriging 插值分析 . 地理学报，55（5）：555-566.

郭旭东，傅伯杰，马克明，等 . 2000b. 基于 GIS 和地统计学的土壤养分空间变异特征研究——
以河北省遵化市为例 . 应用生态学报，11（4）：557-563.

贺行良，刘昌岭，任宏波，等 . 2008. 青岛崂山茶园土壤微量元素有效量及其影响因素研究 .
土壤通报，39（5）：1131-1134.

洪松，郑泽厚，陈俊生 . 2001. 湖北省黄棕壤若干微量元素环境地球化学特征 . 土壤学报，
38（1）：89-95.

候亚红 . 2005. 中国化肥的应用现状及合理施肥 . 西藏农业科技，27（1）：20-23.

胡克林，李保国，林启美，等 . 1999. 农田土壤养分的空间变异性特征 . 农业工程学报，
15（3）：33-38.

胡克林，余艳，张凤荣，等 . 2006. 北京郊区土壤有机质含量的时空变异及其影响因素 . 中国
农业科学，39（4）：764-771.

黄昌勇 . 2000. 土壤学 . 北京：农业出版社 .

黄成敏 . 2000. 化肥施用与土壤退化 . 资源开发与市场，16（6）：348-350.

黄绍文，金继运，杨俐苹，等 . 2002. 县级区域粮田土壤养分的空间变异性 . 土壤通报，33（3）：188-193.

黄绍文，金继运 . 2002. 土壤特性空间变异研究进展，土壤肥料，（1）：8-14.

黄绍文 . 2001. 土壤养分空间变异与分区管理技术研究 . 北京：中国农业科学院博士学位论文 .

贾晓娟，王祎，韩梅，等 . 2013. 基 Kriging 法的凉州区耕地土壤微量元素的空间插值研究 . 甘肃农业科技，（7）：10-12.

黄元仿，周志宇，苑小勇，等 . 2004. 干旱荒漠区土壤有机质空间变异特征 . 生态学报，24（12）：2776-2781.

江福英，吴志丹，尤志明，等 . 2012. 闽东地区茶园土壤养分肥力质量评价 . 福建农业学报，27（4）：379-384.

姜北，未红红，王森，等 . 2013. 河北麻山药种植区土壤微量元素空间变异研究 . 北方园艺，（13）：188-191.

姜怀龙，李贻学，赵倩倩 . 2012. 县域土壤有机质空间变异特征及合理采样数的确定 . 水土保持通报，32（4）：143-146.

姜勇，李琪，张晓珂，等 . 2006. 利用辅助变量对污染土壤锌分布的克里格估值 . 应用生态学报，17（1）：97-101.

姜勇，梁文举，李琪 . 2005. 利用与回归模型相结合的克里格方法对农田土壤有机碳的估值及制图 . 水土保持学报，19（5）：99-102.

姜悦，常庆瑞，赵业婷，等 . 2013. 秦巴山区耕层土壤微量元素空间特征及影响因子——以镇巴县为例 . 中国水土保持科学，11（6）：50-57.

金继运，李家康，李书田 . 2006. 化肥与粮食安全 . 植物营养与肥料学报，12（5）：601-609.

孔祥斌，张凤荣，王茹，等 . 2003. 基于 GIS 的城乡交错带土壤养分时空变化及格局分析——以北京市大兴区为例 . 生态学报，23（11）：2210-2218.

雷能忠，王心源，蒋锦刚，等 . 2008. 基于 BP 神经网络插值的土壤全氮空间变异 . 农业工程学报，24（11）：130-134.

雷志栋，杨诗秀，许志荣，等 . 1985. 土壤特性空间变异性初步研究 . 水利学报，（9）：10-21.

李长宝，太史怀远 . 2010. 土壤基础理论学 . 北京：中国林业出版社 .

李德仁 . 2000. 摄影测量与遥感的现状及发展趋势 . 武汉测绘科技大学学报，25（1）：1-5.

李恋卿，潘根兴 . 1999. 江苏省农地土壤有机碳及碳截存动态研究 . 中国农学通报，15（6）：41-44.

李楠，徐东瑞，吴杨洁 . 2011. 土壤养分含量的协同克里格法插值研究 . 浙江农业学报，23（5）：1001-1006.

李启权，王昌全，张文江，等 . 2013. 基于神经网络模型和地统计学方法的土壤养分空间分布预测 . 应用生态学报，24（2）：459-466.

李倩倩，陈印军 . 2011. 关中地区耕地压力指数分析及预测 . 中国农学通报，27（29）：229-234.

李润林，姚艳敏，唐鹏钦，等 . 2013. 县域耕地土壤锌含量的协同克里格插值及采样数量优化 .

土壤通报，44（4）：830-838.

李润林 . 2011. 农产品产地土壤锌的空间插值及其采样数量优化研究：以吉林省舒兰市为例 . 中国农科院 .

李效芳 . 1989. 土地资源评价的基本原理与方法 . 长沙：湖南科学技术出版社，112-121.

李新平 . 1997. 论建立我国养分资源宏观调控系统的必要性 . 中国土壤学会——迈向 21 世纪的土壤与植物营养科学 . 北京：农业出版社：295-299.

李增兵，赵庚星，赵倩倩，等 . 2012. 县域耕地地力评价中土壤养分空间插值方法的比较研究 . 中国农学通报，28（20）：230-236.

李艳，史舟，程街亮，等 . 2006. 辅助时序数据用于土壤盐分空间预测及采样研究 . 农业工程学报，22（6）：49-55.

李艳，史舟，王人潮，等 . 2004. 海涂土壤剖面电导率的协同克立格法估值及不同取样数目的比较研究 . 土壤学报，41（3）：434-443.

李志鹏，常庆瑞，赵业婷，等 . 2013. 关中盆地县域农田土壤肥力特征与评价研究 . 土壤通报，44（4）：814-819.

李志鹏，赵业婷，常庆瑞 . 2014. 渭河平原县域农田土壤速效养分空间特征 . 干旱地区农业研究，32（2）：163-170.

连纲，郭旭东，傅伯杰，等 . 2008. 黄土高原县域土壤养分空间变异特征及预测——以陕西省横山县为例 . 土壤学报，45（4）：577-584.

林芬芳 . 2009. 不同尺度土壤质量空间变异机理、评价及其应用研究 . 杭州：浙江大学博士学位论文 .

刘爱利，王培法，丁园圆 . 2011. 地统计学概论 . 北京：科学出版社 .

刘芬，同延安，王小英，等 . 2013. 陕西关中灌区冬小麦施肥指标研究 . 土壤学报，50（3）：556-563.

刘付程，史学正，潘贤章，等 . 2003. 太湖流域典型地区土壤磷素含量的空间变异特征 . 地理科学，23（1）：77-81.

刘付程，史学正，于东升，等 . 2004. 太湖流域典型地区土壤全氮的空间变异特征 . 地理研究，23（1）：63-70.

刘国顺，常栋，叶协锋，等 . 2013. 基于 GIS 的缓坡烟田土壤养分空间变异研究 . 生态学报，23（8）：2586-2595.

刘蝴蝶，李晓萍，赵国平，等 . 2010. 山西主要耕作土壤肥力现状及变化规律 . 山西农业科学，38（1）：73-77.

刘焕军，张柏，赵军，等 . 2007. 黑土有机质含量高光谱模型研究 . 土壤学报，44（1）：27-32.

刘吉平，刘佳鑫，于洋，等 . 2012. 不同采样尺度下土壤碱解氮空间变异性研究——以榆树市农田土壤为例 . 水土保持研究，19（2）：106-110，115.

刘金秀，程爱武 . 2007. 宁乡县耕地土壤微量元素有效含量现状及应对措施 . 湖南农业科学，（2）：70-71.

刘京 . 2010. 陕西省土壤信息系统的建立及应用 . 杨凌：西北农林科技大学博士学位论文 .

刘京, 常庆瑞, 陈涛, 等. 2010. 黄土高原南缘土石山区耕地地力评价研究. 中国生态农业学报, (2): 229-234.

刘庆, 夏江宝, 谢文军. 2011. 半方差函数与 Moran's I 在土壤微量元素空间分布研究中的应用——以寿光市为例. 武汉大学学报: 信息科学版, 36 (9): 1129-1133.

刘钊, 常庆瑞, 赵业婷, 等. 2013. 关中地区生态系统服务价值动态探析. 西北农林科技大学学报 (自然科学版), 41 (10): 205-213.

刘铮, 唐丽华, 朱其清, 等. 1978. 我国主要土壤中微量元素的含量与分布初步总结. 土壤学报, 15 (2): 138-150.

刘志鹏. 2013. 黄土高原地区土壤养分的空间分布及其影响因素. 杨凌: 中国科学院教育部水土保持与生态环境研究中心博士学位论文.

龙军, 张黎明, 沈金泉, 等. 2014. 复杂地貌类型区耕地土壤有机质空间插值方法研究. 土壤学报, 51 (6): 1270-1281.

卢文喜, 李迪, 张蕾, 等. 2011. 基于层次分析法的模糊综合评价在水质评价中的应用. 节水灌溉, (3): 43-46.

鲁明星. 2007. 湖北省区域耕地地力评价及其应用研究. 武汉: 华中农业大学博士学位论文.

路鹏, 黄道友, 宋变兰, 等. 2005. 亚热带红壤丘陵典型区土壤全氮的空间变异特征. 农业工程学报, 21 (8): 181-183.

栾福明, 张小雷, 熊黑钢, 等. 2014. 基于 TM 影像的荒漠-绿洲交错带土壤有机质含量反演模型. 中国沙漠, 34 (4): 1-7.

吕真真, 刘广明, 杨劲松, 等. 2014. 环渤海沿海区域土壤养分空间变异及分布格局. 土壤学报, 52 (5): 944-952.

马扶林, 宋理明, 王建民. 2009. 土壤微量元素的研究概述. 青海科技, (3): 32-36.

马静, 张仁陟, 陈利. 2011. 耕地地力评价中土壤养分的空间插值方法比较研究——以会宁县土壤速效钾为例. 安徽农学通报, 17 (17): 91-93.

马俊永, 陈金瑞, 李科江, 等. 2006. 施用化肥和秸秆对土壤有机质含量及性质的影响. 河北农业科学, 10 (4): 44-47.

马廷刚, 常庆瑞, 赵业婷, 等. 2011. 陕西省武功县耕地地力评价研究. 水土保持通报, 31 (2): 186-189, 192.

马文勇, 常庆瑞. 2013. 陕西省临渭区耕地养分丰缺状况及氮磷比例研究. 水土保持通报, 33 (1): 106-110.

马媛, 师庆东, 杨建军, 等. 2006. 干旱区典型流域土壤微量元素的空间变异特征研究. 干旱区地理, 29 (5): 682-687.

马媛, 塔西甫拉提·特依拜, 贡璐, 等. 2007. 新疆阜康土壤微量元素的空间变异分析. 兰州大学学报, 43 (2): 15-19.

聂胜委, 黄绍敏, 张水清, 等. 2012. 长期定位施肥对作物效应的研究进展. 土壤通报, 43 (4): 979-982.

沈思渊. 1989. 土壤空间变异研究中地统计学的应用及其展望. 土壤学进展, 17 (3): 11-25.

潘瑜春, 刘巧芹, 阎波杰, 等. 2010. 采样尺度对土壤养分空间变异分析的影响. 土壤通报,

41 （2）：257-262.

庞夙，李廷轩，王永东，等.2009a. 土壤速效氮、磷、钾含量空间变异特征及其影响因子. 植物营养与肥料学报，15 （1）：114-120.

庞夙，李廷轩，王永东，等.2009b. 县域农田土壤铜含量的协同克里格插值及采样数量优化. 中国农业科学，42 （8）：2828-2836.

齐雁冰，常庆瑞，刘梦云，等.2014. 县域农田土壤养分空间变异及合理样点数确定. 土壤通报，45 （3）：556-561.

覃群明.2014. 玉林市荔枝园土壤养分肥力状况分析与评价. 中国南方果树，43 （2）：82-85.

秦占飞，常庆瑞.2012. 县域土壤养分空间变异分析：以蒲城县为例. 干旱地区农业研究，30 （1）：30-35.

陕西省地理（国）省情监测工作小组领导小组办公室.2011. 陕西省基本地理省情（2011）.

陕西省土壤普查办公室.1992. 陕西土壤. 北京：科学出版社.

盛建东，肖华，武红旗，等.2005. 不同取样尺度农田土壤速效养分空间变异特征初步研究. 干旱地区农业研究，23 （2）：63-67.

石淑芹，曹祺文，李正国，等.2014. 区域尺度土壤养分的协同克里格与普通克里格估值研究. 干旱区资源与环境，28 （5）：109-114.

石小华，杨联安，张蕾.2006. 土壤速效钾养分含量空间插值方法比较研究. 水土保持学报，20 （2）：68-72.

史文娇，杜正平，宋印均，等.2011. 基于多重网格求解的土壤属性高精度曲面建模. 地理研究，30 （5）：861-870.

史文娇，汪景宽，魏丹，等.2009. 黑龙江省南部黑土区土壤微量元素空间变异及影响因子——以双城市为例. 土壤学报，46 （2）：342-347.

史文娇，岳天祥，石晓丽，等.2012. 土壤连续属性空间插值方法及其精度的研究进展. 自然资源学报，27 （1）：163-175.

司涵，张展羽，吕梦醒，等.2014. 小流域土壤氮磷空间变异特征分析. 农业机械学报，45 （3）：90-96.

苏伟，聂宜民，胡晓洁，等.2004. 农田土壤微量元素的空间变异及 Kriging 估值. 华中农业大学学报，23 （2）：222-226.

苏晓燕，赵永存，杨浩，等.2011. 不同采样点数量下土壤有机质含量空间预测方法对比. 地学前缘，18 （6）：34-40.

孙波，曹尧东.2006. 丘陵区水稻土 Cu Cd 污染的空间变异与影响因子. 农业环境科学学报，25 （4）：922-928.

孙波，宋歌，曹尧东.2009. 丘陵区水稻土 Cu 污染空间变异的协同克里格分析. 农业环境科学学报，28 （5）：865-870.

孙波，张桃林，赵其国.1995. 我国东南丘陵山区土壤肥力的综合评价. 土壤学报，32 （4）：362-369.

孙珂，陈圣波.2012. 基于遗传算法综合 Terra/Aqua MODIS 热红外数据反演地表组分温度. 红外和毫米波学报，35 （5）：462-468.

孙旭霞．2005．廊坊市施肥状况的评价与对策研究．北京：中国农业大学硕士学位论文．

汤国安，杨昕．2006．ArcGIS 地理信息系统空间分析式样教程．北京：科学出版社．

陶晓秋．2004．四川西南烟区土壤有效态微量元素含量评价．土壤，36（4）：438-441，448.

同延安．2011．测土配方施肥技术．西安：陕西出版集团，陕西科学技术出版社．

佟宝辉，张忠庆，赵立刚，等．2012．吉林省中部黑土区土壤微量元素分布及空间变异特征研究．安徽农业科学，40（14）：8143-8146.

王德宣，富德义．2002．吉林省西部地区土壤微量元素有效性评价．土壤，（2）：86-89，93.

王栋，李辉信，胡锋．2011．不同耕作方式下覆草旱作稻田土壤肥力特征．土壤学报，48（6）：1203-1209.

王茯泉．2006．地统计学分析在 ArcGIS 和 IDRISI 中实现特点的讨论．计算机工程与应用，（15）：210-215.

王海江，李冬冬，侯振安，等．2013．基于 GIS 的农田土壤养分时空变异性分析．新疆农业科学，50（10）：1872-1878.

王红娟．2007．我国北方粮食主产区土壤养分分布特征研究．北京：中国农业科学院博士学位论文．

王家玉，王胜佳，陈义，等．1996．稻田土壤中氮素淋失的研究．土壤学报，33（1）：28-36.

王金国．周卫民，王彬武，等．2011．县域尺度土壤样点密度与插值精度研究．湖南农业科学，（21）：27-30.

王坷，许红卫，史舟，等．2000．土壤钾素空间变异性和空间插值方法的比较研究．植物营养与肥料学报，6（3）：318-322.

王丽霞，段文标，陈立新，等．2013．红松阔叶混交林林隙大小对土壤水分空间异质性的影响．应用生态学报，24（1）：17-24.

王锐，林先贵，陈瑞蕊，等．2013．长期不同施肥对潮土芽胞杆菌数量的影响及其优势度的季节变化．土壤学报，50（4）：778-785.

王淑英，路苹，王建立，等．2008．不同研究尺度下土壤有机质和全氮的空间变异特征——以北京市平谷区为例．生态学报，28（10）：4957-4964.

王鑫．2003．化肥对土壤和农产品的污染及治理措施．甘肃农业科技，（12）：39-40.

王学军，邓宝山，张泽浦．1997．北京东郊污灌区表层土壤微量元素的小尺度空间结构特征．环境科学学报，17（4）：412-416.

王政权．1999．地统计学及其在生态学中的应用．北京：科学出版社．

王志刚，赵永存，黄标，等．2010．采样点数量对长三角典型地区土壤肥力指标空间变异解析的影响．土壤，42（3）：421-428.

王子龙，付强，姜秋香．2007．土壤肥力综合评价研究进展．农业系统科学与综合研究，23（1）：15-18.

王宗明，张柏，宋开山，等．2007．东北平原典型农业县农田土壤养分空间分布影响因素分析．水土保持学报，21（2）：73-77.

王祖伟，徐利淼，张文具．2002．土壤微量元素与人类活动强度的对应关系．土壤通报，33（4）：303-305.

吴春发.2008.复合污染土壤环境安全预测预警研究.杭州：浙江大学博士学位论文.

吴镇麟.1982.上海土壤中微量元素的含量与分布研究.土壤学报，19（2）：173-181.

武继磊，王劲峰，孟斌，等.2005.2003年北京SARS疫情空间相关性分析.浙江大学学报：农业与生命科学版，31（1）：97-101.

武婕，李玉环，李增兵，等.2014.南四湖区农田土壤有机质和微量元素空间分布特征及影响因素分析.生态学报，01（6）：1596-1605.

武志杰，张海军.2005.21世纪的肥料科学.科学中国人，（12）：60-62.

肖玉，谢高地，安凯.2003.土壤有效磷含量空间插值方法比较研究.中国生态农业学报，11（1）：62-64.

谢宝妮，常庆瑞，秦占飞.2012.县域土壤养分离群样点检测及其合理采样数研究.干旱地区农业研究，30（2）：56-61.

谢凯，李元军，乐文全，等.2013.环渤海湾地区主要梨园土壤养分状况及养分投入研究.土壤通报，44（1）：132-137.

邢月华.2009.辽宁省玉米主产区农田土壤养分变异及玉米推荐施肥研究.沈阳：沈阳农业大学博士学位论文.

徐剑波，宋立生，彭磊，等.2011.土壤养分空间估测方法研究综述.生态环境学报，20（8/9）：1379-1386.

徐敬敬，申广荣，钱振华，等.2009.上海崇明农田土壤微量元素空间变异特征.上海交通大学学报，27（1）：13-18.

徐永明，蔺启忠，王璐，等.2006.基于高分辨率反射光谱的土壤营养元素估算模型.土壤学报，43（5）：709-716.

许红卫.2004.田间土壤养分与作物产量的时空变异及其相关性研究.杭州：浙江大学博士学位论文.

阎波杰，潘瑜春，赵春江.2008.区域土壤重金属空间变异及合理采样数确定.农业工程学报，24（S2）：260-264.

阎宗彪，乔生.2005.测土配方施肥与肥料创新.腐殖酸，（6）：56-57.

杨丽娟，李天来，付时丰，等.2006.长期施肥对菜田土壤微量元素有效性的影响.植物营养与肥料学报，12（4）：549-553.

杨奇勇，杨劲松.2010.不同尺度下耕地土壤有机质和全氮的空间变异特征.水土保持学报，24（3）：100-104.

杨奇勇，杨劲松，刘广明.2011.土壤速效养分空间变异的尺度效应.应用生态学报，22（2）：431-436.

杨人卫，杨建华.2003.氮素化肥对土壤环境的影响.上海农业科技，（1）：41-42.

杨荣清，黄标，孙维侠，等.2005.江苏省如皋市长寿人口分布区土壤及其微量元素特征.土壤学报，42（5）：51-58.

杨绍聪，吕艳玲，杨庆华，等.2001.玉溪市耕作土壤有效态微量元素含量状况.土壤，（2）：102-105.

叶文虎，栾胜基.1994.环境质量评价学.北京：高等教育出版社.

易秀，吕洁，谷晓静．2011．陕西省泾惠渠灌区土壤肥力质量变化趋势研究．灌溉排水学报，
　　(3)：114-117.

于婧，罗洋洋，张桂花，等．2014．江汉平原农田土壤全氮的多尺度空间结构与成因分析．湖
　　北大学学报（自然科学版），36 (1)：14-20.

于士凯，姚艳敏，王德营，等．2013．基于高光谱的土壤有机质含量反演研究．中国农学通报，
　　29 (23)：146-152.

于世峰，田全明，王艳丽．2004．西安地区农田土壤磷素的研究．中国农学通报，20 (1)：
　　167-192.

余新晓，耿玉清，牛丽丽，等．2010．采样尺度对北京山区典型流域森林土壤养分空间变异的
　　影响——以密云潮关西沟流域为例．林业科学，46 (10)：162-166.

曾远文，陈浮，王雨辰，等．2013．采煤矿区表层土壤有机质含量遥感反演．水土保持通报，
　　33 (2)：169-172.

臧振峰，南忠仁，王胜利，等．2013．黑河中游绿洲农田土壤微量元素含量的空间分布特征．
　　干旱区资源与环境，27 (5)：190-195.

张贝尔，黄标，赵永存，等．2013．采样数量与空间插值方法对华北平原典型区土壤质量评价
　　空间预测精度的影响．土壤，45 (3)：540-547.

张楚天，张勇，贺立源，等．2014．基于环境因子和联合概率方法的土壤有机质空间预测．土
　　壤学报，51 (3)：247-254.

张春华，王宗明，居为民，等．2011．松嫩平原玉米带土壤碳氮比的时空变异特征．环境科学，
　　32 (5)：1407-1413.

张春华，王宗明，任春颖，等．2011．松嫩平原玉米带土壤有机质和全氮的时空变异特征．地
　　理研究，30 (2)：256-268.

张定祥，史学正，周明江．2002．论精确农业与中国土壤信息化建设．安徽农业大学学报，
　　29 (3)：306-310.

张冬明，张文，韩剑，等．2014．琼中县槟榔园土壤养分肥力质量研究．热带作物学报，
　　35 (7)：1267-1271.

张法升，刘作新，张颖，等．2009．农田土壤有机质空间变异的尺度效应．中国科学院研究生
　　院学报，26 (3)：350-356.

张法升，曲威，尹光华，等．2010．基于多光谱遥感影像的表层土壤有机质空间格局反演．应
　　用生态学报，21 (4)：883-888.

张华，张甘霖．2001．土壤质量指标和评价方法．土壤，(6)：326-330, 333.

张仁铎．2005．空间变异理论及应用．北京：科学出版社.

张少良．2007．哈尔滨市农田黑土养分空间分布特征．大庆：黑龙江八一农垦大学硕士学位
　　论文.

张世熔，孙波，赵其国，等．2007．南方丘陵区不同尺度下土壤氮素含量的分布特征．土壤学
　　报，44 (5)：885-892.

张世文，叶回春，王来斌，等．2013．景观高度异质区土壤有机质时空变化特征分析．农业机
　　械学报，44 (12)：105-113.

张铁婵, 常庆瑞, 刘京. 2010. 土壤养分元素空间分布不同插值方法研究——以榆林市榆阳区为例. 干旱地区农业研究, 28 (2): 177-182.

张伟, 刘淑娟, 叶莹莹, 等. 2013. 典型喀斯特林地土壤养分空间变异的影响因素. 农业工程学报, 29 (1): 93-101.

张文博, 张福平, 苏玉波, 等. 2014. 渭河干流沿岸土壤有机质空间分布特征及其影响因素. 水土保持通报, 34 (1): 138-143.

张玉铭, 胡春胜, 毛任钊, 等. 2003. 河北栾城县农田土壤养分肥力状况与调控. 干旱地区农业研究, 21 (4): 68-72.

赵彩云. 2008. 秩相关模型及其地图可视化在农用地分等成果评价中的应用. 西安: 长安大学硕士学位论文.

赵庚星, 李秀娟, 李涛, 等. 2005. 耕地不同利用方式下的土壤养分状况分析. 农业工程学报, 21 (10): 55-58.

赵广帅, 李发东, 李运生, 等. 2012. 长期施肥对土壤有机质积累的影响. 生态环境学报, 21 (5): 840-847.

赵军, 孟凯, 隋跃宇, 等. 2005. 海伦黑土有机碳和速效养分空间异质性分析. 土壤通报, 36 (4): 487-492.

赵明松, 张甘霖, 李德成, 等. 2013. 江苏省土壤有机质变异及其主要影响因素. 生态学报, 33 (16): 5058-5066.

赵明松, 张甘霖, 吴运金, 等. 2014. 江苏省土壤有机质含量时空变异特征及驱动力研究. 土壤学报, 51 (3): 448-458.

赵其国. 2001. 21 世纪土壤科学展望. 地球科学进展, 16 (5): 704-705.

赵倩倩, 赵庚星, 姜怀龙, 等. 2013. 县域土壤养分空间变异特征及合理采样数量研究. 自然资源学报, 27 (8): 1382-1390.

赵汝东. 2008. 北京地区耕地土壤养分空间变异及养分肥力综合评价研究. 保定: 河北农业大学硕士学位论文.

赵彦锋, 化全县, 陈杰. 2011. Kriging 插值和序贯高斯条件模拟的原理比较及在土壤空间变异研究中的案例分析. 土壤学报, 48 (4): 856-862.

赵业婷, 常庆瑞, 陈学兄, 等. 2011. 县域耕地土壤有效磷空间格局研究——以武功县为例. 西北农林科技大学学报 (自然科学版), 39 (3): 157-162, 167.

赵业婷, 常庆瑞, 李志鹏, 等. 2013a. 1983–2009 年西安市郊区耕地土壤有机质空间特征与变化. 农业工程学报, 29 (2): 132-140.

赵业婷, 常庆瑞, 李志鹏, 等. 2012. 黄土高原沟壑区耕地土壤速效养分空间特征及丰缺状况研究——以陕西省富县为例. 土壤通报, 43 (6): 1438-1443.

赵业婷, 常庆瑞, 李志鹏, 等. 2014b. 渭北台塬区耕地土壤有机质与全氮空间特征. 农业机械学报, 45 (8): 140-148.

赵业婷, 李志鹏, 常庆瑞, 等. 2013d. 西安市粮食主产区耕层土壤速效养分空间特征. 植物营养与肥料学报, 19 (6): 1376-1385.

赵业婷, 李志鹏, 常庆瑞, 等. 2014a. 基于 Cokriging 的耕层土壤全氮空间特征及采样数量优化研究. 土壤学报, 51（2）: 415-422.

赵业婷, 李志鹏, 常庆瑞. 2013b. 关中盆地县域农田土壤碱解氮空间分异及变化研究. 自然资源学报, 28（6）: 1030-1038.

赵业婷, 齐雁冰, 常庆瑞, 等. 2013c. 渭河平原县域农田土壤有机质时空变化特征. 土壤学报, 50（5）: 1049-1054.

赵月玲, 林玉玲, 曹丽英, 等. 2013. 基于主成分分析和聚类分析的土壤养分特性研究. 华南农业大学学报, 34（4）: 484-488.

郑立臣, 宇万太, 马强, 等. 2004. 农田土壤肥力综合评价研究进展. 生态学杂志, 23（5）: 156-161.

庄佃霞. 2005. 小型复合肥料制粒机设计研究. 泰安: 山东农业大学硕士学位论文.

邹青, 赵业婷, 常庆瑞, 等. 2012. 黄土高原南部耕地土壤养分空间格局分析—以陕西省富县为例. 干旱地区农业研究, 30（3）: 107-113.

Alabbas A H, Swanin P H, Baumgardner M F. 1972. Relating organic matter and clay content to the multispectral radiance of soils. Soil Science, 114（6）: 477.

Antonio P M. 1996. Spatial variability patterns of phosphorus and potassium in no-tilled soils for two sampling scales. Soil Science of America Journal, 60（5）: 1473-1481.

Baumgardner M F, Silva L F, Biehl L L. 1985. Reflectance properties of soils. Advances in Agronomy, 38: 1-44.

Baxter S J, Oliver M A. 2005. The spatial prediction of soil mineral N and potentially available N using elevation. Geoderma, 128: 325-339.

Bendor E, Banin A. 1995. Near-infrared analysis as a rapid method to simultaneously evaluate several soil properties. Soil Science Society of America Journal, 59（2）: 364-372.

BhandariA L, Ladha J K, Pathak H. 2002. Yield and soil nutrient changes in a long-term rice-wheat rotation in India. Soil Science Society of America Journal, 66（1）: 162-170.

Blöschl G, Sivapalan M. 1995. Scale issues in hydrology model—a review. Hydrological Process, 9（3-4）: 251-290.

Blöschl G. 1999. Scaling issues in snow hydrology. Hydrological Processes, 13（14-15）: 2149-2175.

Borlaug N E, Dowswell C R. 1994. Feeding a human population that increasingly crowds a fragile planet. 15th World Congress of Soil Science, July10~16, Acapulco, Mexico. Supplement to Transactions. International Society of Soil Science and Mexican Society of Soil Science.

Burgess T M, Webster R. 1980. Optimal interpolation and isarithmic mapping of soil properties: I. The semi-variogram and punctual kriging. Journal of soil science, 31: 315-331.

Burrough P A. 1993. Soil variability: a late 20th Centuryview. Soils and Fertilizers. 56: 529-562.

Cambardella C A, Moorman T B, Novak J M. 1994. Field-scale variability of soil properties in central Iowa soil. Soil Sci. Soc. AM. J. , 58（5）: 1501-1511.

Campbell J B. 1978. Spatial variation of sand content and pH within single contiguous delineation of two soil mapping units. Soil Science Society of America Journal, 42: 460-464.

Carr J R, Benzer W B. 1991. On the practice of estimating fractal dimension. Mathematical Geology,

23（4）：945-958.

Cochran W G. 1977. Sampling Techniques （3rd edition） . New York：John Wiley and Sons，Inc.

Costantini M，Farina A，Zirilli F. 1997. The fusion of different resolution SAR images. Proceedings of the IEEE，85（1）：139-146.

Darilek J L，Huang B，Wang Z G，et al. 2009. Changes in soil fertility parameters and the environmental effects in a rapidly developing region of China. Agr. Ecosyst. Environ，129：286-292.

Davidson E A，Trumbore S E，Amundson R. 2000. Biogeochemistry Soil warming and organic carbon content. Nature，408（6814）：789-790.

Denton O A，Ganiyu A G. 2013. Spatial variability in soil properties of a continuously cultivated land. African Journal of Agricultural Research，8（5）：475-483.

Eghball B，Hergert G W，Lesoing G W，et al. 1999. Fractal analysis of spatial and temporal variability. Geoderma，83（3/4）：349-362.

Fischer R A，Santiveri F，Vidal I R. 2002. Crop rotation，tillage and crop residue management for wheat and maize in the sub-humid tropical highlands II. Maize and system performance. Field Crops Research，79（2/3）：123-137.

Foroughifar H，Jafarzadeh A A，Torabi H，et al. 2013. Using Geostatistics and Geographic Information System Techniques to Characterize Spatial Variability of Soil Properties，Including Micronutrients. Communications in Soil Science & Plant Analysis. 44（8）：1273-1281.

Galvao L S，Vitorello. 2001. Variability of laboratory measured soil lines of soils from southeastern Brazi. Remote Sensing of Environment，63（2）：166-181.

Garten Jr C T，Kang S，Brice D J，et al. 2007. Variability in soil properties at different spatial scales （1m-1km） in a deciduous forest ecosystem. Soil Biology and Biochemistry，39：2621-2627.

Gascuel O C，Boivin P. 1994. Variability of variograms and spatial estimates due to soil sampling：A case study. Geoderma，62（1/3）：165-182.

Goovaerts P，Journel A G. 1995. Integrating soil map information in modeling the spatial variation in continuous soil properties. European Journal of Soil Science，46（3）：397-414.

Goovaerts P. 1999. Geostatistics in soil science：state-of-the-art and perspectives. Geoderma，89（1/2）：1-45.

Hengl T，Heuvelink G B M，Stein A. 2004. A generic framework for spatial prediction of soil variables based on regression-kriging. Geoderma. 120（1-2）：75-93.

Heuvelink G B M，Webster R. 2001. Modelling soil variation：past，present，and future. Geoderma，100：269-301.

Hu K L，Li H，Li B G. 2007. Spatial and temporal patterns of soil organic matter in the urban-rural transition zone of Beijing. Geoderma，141（3/4）：302-310.

Huang B，Sun W X，Zhao Y C，et al. 2007. Temporal and spatial variability of soil organic matter and total nitrogen in an agricultural ecosystem as affected by farming practices. Geoderma，139（3/4）：336-345.

Isaaks E H，Srivastava R M. 1989. An introduction to applied geostatistics. New York：Oxford

University Press.

Jiang H L, Liu G S, Wang R, et al. 2012. Spatial Variability of Soil Total Nutrients in a Tobacco Plantation Field in Central China. Communications in Soil Science and Plant Analysis, 43 (14): 1883-1896.

Karlen D L, Hurley E G, Andrews S S. 2006. Crop rotation effects on soil quality at three northern corn/soybean belt locations. Agronomy Journal, 98 (3): 484-495.

Kerry R, Oliver M A. 2003. Variograms of ancillary data to aid sampling for soil surveys. Journal of Precision Agriculture, 4 (3): 261-278.

Kravchenko A, Bullock D G. 1999. A comparative study of interpolation methods for mapping soil properties. AgronomyJournal, 91 (3): 393-400.

Marchetti A, Piccini C, Francaviglia R, et al. 2012. Spatial distribution of soil organic matter using geostatistics: a key indicator to assess soil degradation status in Central Italy. Pedosphere, 22: 230-242.

Marcos R N, Fabrício P P, José A M D, et al. 2011. Optimum size in grid soil sampling for variable rate application in site—specific management. Scientia Agricola, 63 (3): 386-392.

Matheron G. 1963. Principles of geostatistics. Economic Geology, 58: 1246-1266.

McBratney A B, Webster R. 1983. How many observations are needed for regional estimation of soil-properties. Soil science, 135: 177-183.

McCarty G W, Reeves J B, Reeves V B, et al. 2002. Mid- infrared and near- infrared diffuse reflectance spectroscopy for soil carbon measurement. Soil Science Society of America Journal, 66 (2): 640-646.

Moreno C J, Moral R, Perez M M D. 2005. Fe, Cu, Mn, and Zn input and availability in calcareous soils am ended with the solid phase of pig slurry. Communications in Soil Science and Plant Analysis, 36 (4/6): 525-534.

Muller T G, Pierce F J. 2003. Soil carbon maps: Enhancing spatial estimates with simple terrain attributes at multiplescales. Soil Sci. Soc. Am. J., 67 (1): 258-267.

Nielsen D R, Bouma J. 1985. Soil spatial variability. Pudoc: Wageningen.

Raiesi F. 2006. Carbon and N mineralization as affected by soil cultivation and crop residue in a calcareous wetland ecosystem in central Iran. Agriculture ecosystems & environment. 112 (1): 13-20.

Rodenburg J, Stein A, Van Noordwijk M, et al. 2003. Spatial variability of soil pH and phosphorus in relation to soil run-off following slash-and-burn land clearing in Sumatra, Indonesia. Soil and Tillage Research, 71: 1-14.

Samake O, Smaling E M A, Kropff M J. 2005. Effects of cultivation practices on spatial variation of soil fertility and millet yields in the Sahel of Mali. Agriculture, Ecosystems and Environment, 109 (3/4): 778-785.

Schloeder C A, Zimmerman N E, Jacobs M J. 2001. Comparison of methods for interpolating soil properties using limited data. Soil Science Society of America Journal, 65 (2): 470-479.

She D L, Shao M A. 2009. Spatial variability of soil organic C and total N in a small catchment of the Loess Plateau, China. Acta Agriculturae Scandinavica. Section B: Soil and Plant Science, 59 (6): 514-524.

Shi W J, Liu J Y, Du Z P, et al. 2009. Surface modeling of soil pH. Geoderma, 150 (1/2): 113-119.

Singer M J, Ewing S. 1999. Soil Quality. In: Sumner ME. ed. Handbook of Soil Science. New York: CRC Press.

Stolt M H, Baker J C, Simpson T W. 1993. Soil landscape relationships in Virginia: I. Soil variability and parent material uniformity. Soil Science Society of America Journal, 57 (2): 414-421.

Tesfahunegn G B, Tamene L, Vlek P L G. 2011. Catchment-scale spatial variability of soil properties and implications on site-specific soil management in northern Ethiopia. Soil and Tillage Research, 117: 124-139.

Tiessen H, Cuevas E, Chacon P. 1994. The role of soil organic matter in sustaining soil fertility. Nature, 371: 783-785.

Trangmar B B, Yost R S, Uehara G. 1985. Application of geostatistics to spatial studies of soil properties. Advances in Agronomy, 38: 45-94.

Triantafilis J, Odeh I O A, McBrantney A B. 2001. Five geostatistical models to predict soil predict soil salinity from electromagnetic induction data across irrigated cotton. Soil Science Society of America Journal, 65 (3): 869-878.

Utset A, Ruiz M E, Herrera J, et al. 1998. A geostatistical method for soil salinity sample site spacing. Geoderma, 86 (1-2): 143-151.

Wang J, Fu B J, Qiu Y, et al. 2003. Analysis on soil nutrient characteristics for sustainable land use in Danangou catchment of the Loess Plateau. China. Catena, 54: 17-29.

Wang Y Q, Zhang X C, Huang C Q. 2009. Spatial variability of soil total nitrogen and soil total phosphorus under different land uses in a small watershed on the Loess Plateau, China. Geoderma, 150 (1/2): 141-149.

Webster R, Oliver M A. 2001. Geostatistics for environmental Scientists. Chichester: John Wiley and Sons Ltd.

Webster R, Oliver M A. 1992. Sample adequately to estimate variograms of soil properties. Journal of Soil Science, 43 (1): 177-192

Webster R. 1985. Quantitative spatial analysis of soil in the field. Adv. Soil Sci., (3): 1-70.

Wu C F, Wu J P, Luo Y M, et al. 2009. Spatial estimation of soil total nitrogen using cokriging with predicted soil organic matter content. Soil Science Society of America Journal, 73 (5): 1676-1681.

Xu G C, Li Z B, Li P, et al. 2014. Spatial variability of soil available phosphorus in a typical watershed in the source area of the middle Dan River, China. Environmental Earth Sciences. 71 (9): 3953-3962.

Yadav V, Malanson G. 2007. Progress in soil organic matter research: Litter decomposition, modeling, monitoring and sequestration. Progress in Physical Geography, 31 (2): 131-154.

Yanai J, Mishima A, Furakawa S. 2005. Spatial variability of organic matter dynamic in the semi-arid croplands of northern Kazakhstan. Soil Science and Plant Nutrient, 51 (2): 261-269.

Yates S R, Warrick A W. 1987. Estimating Soil Water Content Using Cokriging. Soil Science Society of America Journal, 51 (1): 23-30.

Yu D S, Zhang Z Q, Yang H, et al. 2011. Effect of soil sampling density on detected spatial variability of soil organic carbon in a red soil region of China. Pedosphere, 21 (2): 207-213.

Yue T X, Du Z P, Song D J, et al. 2007. A new method of surface modeling and its application to DEM construction Geomorphology, 91 (1/2): 161-172.

Zhang X Y, Sui Y Y, Zhang X D, et al. 2007. Spatial variability of nutrient properties in black soil of Northeast China. Pedosphere, 17 (1): 19-29.